煤与瓦斯突出演化机制及消突工程应用研究

李 慧 著

中国矿业大学出版社
·徐州·

内 容 提 要

针对我国煤与瓦斯突出机理及其防治技术措施，笔者以煤与瓦斯突出综合作用机理为切入点，深入研究了煤与瓦斯突出机制及消突工程应用。本书主要内容有：绪论；煤与瓦斯突出物理模拟试验；煤与瓦斯突出变形失稳破坏过程分析；基于声发射技术的煤与瓦斯突出演化过程分析；煤与瓦斯突出数值模拟研究；煤与瓦斯突出判断准则工程应用研究；结论与展望。

本书可作为采矿工程、安全工程等专业瓦斯灾害防治方向的本科生和研究生的参考用书，也可作为有关科研工作者、工程技术人员及高校教师的阅读、参考用书。

图书在版编目(CIP)数据

煤与瓦斯突出演化机制及消突工程应用研究 / 李慧著
.—徐州：中国矿业大学出版社，2020.4
ISBN 978-7-5646-4609-7

Ⅰ.①煤… Ⅱ.①李… Ⅲ.①煤突出—防治②瓦斯突出—防治 Ⅳ.①TD713

中国版本图书馆 CIP 数据核字(2020)第 059074 号

书　　名 煤与瓦斯突出演化机制及消突工程应用研究
著　　者 李　慧
责任编辑 马晓彦
出版发行 中国矿业大学出版社有限责任公司
(江苏省徐州市解放南路　邮编 221008)
营销热线 (0516)83884103　83885105
出版服务 (0516)83995789　83884920
网　　址 http://www.cumtp.com　**E-mail**:cumtpvip@cumtp.com
印　　刷 江苏凤凰数码印务有限公司
开　　本 787 mm×1092 mm　1/16　**印张** 7.5　**字数** 143 千字
版次印次 2020 年 4 月第 1 版　2020 年 4 月第 1 次印刷
定　　价 30.00 元

前 言

煤与瓦斯突出是煤矿井工开采中破坏性极大、极为复杂的矿山动力灾害之一，是目前煤矿井工开采中的难题，其发生不仅会带来经济上的巨大损失，还会造成一定的人员伤亡。我国是世界上煤与瓦斯突出最为严重的国家之一，突出矿井数量之多、范围之广、频率之高、强度之大，造成我国煤与瓦斯突出的管理与防治非常困难。众所周知，影响煤与瓦斯突出的因素是多方面的，其中，瓦斯压力、地应力和煤体物理力学性质是国内外众多学者公认的主要影响因素。然而，当前关于煤与瓦斯突出综合作用机理的研究仍存在众多分歧，导致煤与瓦斯突出的防治仍是煤矿生产过程中面临的重大技术性难题。因此，掌握煤与瓦斯突出机理，有效预防煤与瓦斯突出事故的发生，确保煤矿安全生产，是具有突出危险性矿井要达到安全高效的关键性问题。

2012年，冯增朝教授承担了阳泉煤业(集团)有限责任公司低透气性煤层增透强化抽采瓦斯技术研究课题。课题主要针对寺家庄煤矿的煤层赋存条件进行了水力割缝增透卸压强化瓦斯抽采的工业性试验研究，并在实验室进行了煤与瓦斯突出物理模拟试验，结合声发射技术和数值模拟研究了含瓦斯煤体在煤与瓦斯突出过程中的变形破坏与瓦斯运移规律。在课题研究过程中，我们深刻认识到，煤与瓦斯突出演化机制及消突工程应用的研究对于具有突出危险性矿井的安全高效开采具有十分重要的意义。

鉴于此，笔者在冯增朝教授的指导下，实施并收集了低透气性煤层增透强化抽采瓦斯技术现场资料，并借鉴和收集了国内其他具有突出危险性矿井的生产资料。在此基础上，笔者又以煤与瓦斯突出综合作用机理和水力割缝增透卸压原理为研究中心，深入、系统地研究了煤与瓦斯突出演化机制及消突工程应用。

本书的完成首先归功于导师冯增朝教授的悉心指导。本书的现场工作部分得到了阳泉煤业(集团)有限责任公司技术中心王玉禄、李耀谦、王再胜和寺家庄煤矿康添惠总工程师、郭有慧副总工程师等的大力支持与帮助；本书试验部分得到了赵阳升教授、胡耀青教授、杨栋副教授、赵东副教授、王雪龙硕士、魏建平硕士、常江阳硕士等的帮助；数值模拟部分得到了段东副教授、张百胜副教授、刘利斌硕士、张朝阳硕士等的帮助。研究过程中，还得到了太原理工大学采矿工艺研究所和矿业工程学院采矿工程系其他教师的支持与帮助，在此，向他们一并表示衷心的感谢！

应当说明，煤与瓦斯突出演化机制及消突工程应用的研究仍处于探索阶段，大量细致的研究还有待于进一步的开展与完善。愿本书的出版能起到抛砖引玉的作用，让煤与瓦斯突出演化机制及消突工程应用的研究得到同行认可，共同为我国煤与瓦斯突出演化机制及消突工程应用的发展作出贡献。

由于笔者的水平和能力有限，偏颇与疏漏之处在所难免，恳请读者批评指正。

作　者

2020 年 2 月

目 录

第1章　绪　论

1.1　煤与瓦斯突出的概念及研究意义

煤与瓦斯突出(简称突出)是一种瓦斯特殊涌出的现象,即在地应力和瓦斯的共同作用下,破碎的煤、岩和瓦斯由煤体或岩体内突然向采掘空间抛出的异常动力现象[1]。

煤与瓦斯突出作为煤矿井下事故之一,是一种复杂的、破坏性极强的矿井动力灾害[2-5],灾害发生时,它可以在极短的时间内由煤体向巷道或者采煤工作面喷出大量的煤粉与瓦斯,不仅会摧毁巷道、破坏井下的设施和设备,还会造成不同程度的财产损失,甚至带来人员伤亡[6-7]。

长期以来,国内外许多工作者对煤与瓦斯突出领域进行了大量的探索与研究,在很多方面都取得了一定的成果与进展[8-15]。其中,在理论研究方面,学者们主要致力于煤与瓦斯突出机理及防治技术的研究[16-21];在工程应用方面,研究则主要聚焦于以瓦斯抽采与治理为主要手段的技术措施[22-26],但由于煤体结构的复杂性与破坏形式的多样性,加之瓦斯赋存形态和运移过程的复杂性,仍存在许多问题亟待解决,煤与瓦斯突出事故仍未得到有效遏制。

从研究角度出发,人们目前还没有对突出机理和防治技术有更深层次的了解和认识,缺乏有效判断煤与瓦斯突出的机制和防治煤与瓦斯突出的技术措施;从消突措施来看,目前的消突措施主要具有消突措施施工工程量大、劳动强度高、运营成本高和消突效果不明显等缺点。因此,研究煤与瓦斯突出的影响因素,对有突出危险的煤层进行及时、准确的预测,并快速、经济、有效地将有突出危险性的区域转变为无突出危险性的区域,并最终达到消突的目的势在必行。

综上所述,基于我国煤矿煤与瓦斯突出事故的现状和特点,仍需深入分析煤与瓦斯突出孕育、发生、发展及终止的全过程;探讨煤与瓦斯在突出过程中煤岩体变形、破坏特征及瓦斯吸附、解吸和运移规律;研究煤与瓦斯突出演化机制,并系统地开展煤与瓦斯突出防治技术具有十分重要的理论和现实意义。

1.2 煤与瓦斯突出国内外研究现状

法国以萨克煤矿于 1843 年发生了世界上第一次煤与瓦斯突出事故，并于 1914 年成立了“防止煤和瓦斯突出专门委员会”；苏联于 1951 年成立了“防止煤和瓦斯突出中央委员会”，且研究人员 A. A. Skoczyński[27] 于 1953 年在实验室内第一次进行了煤与瓦斯突出模拟试验。之后，众多学者对煤与瓦斯突出开展了大量的研究工作[28-34]，探讨了煤与瓦斯突出的众多影响因素，分析了诱发煤与瓦斯突出的原因，研究了煤与瓦斯突出的发生机理，提出了防治煤与瓦斯突出的技术措施，经过数十年不断的深入研究，取得了多方面的研究成果[35-41]。下面就煤与瓦斯突出研究机理、研究方法与成就及防治技术等方面分别进行阐述。

1.2.1 煤与瓦斯突出机理研究现状

自 20 世纪 60 年代以来，各国投入了大量的研究人员和资金对煤与瓦斯突出机理进行研究，并取得了一定的成效，同时提出了相关的模型和机理假说，为煤与瓦斯突出的防治工作提供了理论依据。

所谓煤与瓦斯突出机理，是指煤与瓦斯突出诱发的原因、影响因素、产生条件及发生和发展等过程。目前国内外关于该方面的研究，主要形成了瓦斯主导作用假说、地应力主导作用假说、化学本质作用假说和综合作用假说等四种主要观点。其中，前三种观点为单影响因素作用假说，后一种观点为多影响因素作用假说。随着对煤与瓦斯突出的深入研究，越来越多的人支持综合作用假说，并且认为：煤与瓦斯突出是瓦斯、地应力和煤体物理力学性质等多因素共同作用的结果[42-43]。

1.2.1.1 瓦斯主导作用假说

该假说认为瓦斯在突出过程中起主导作用，煤体内存在的高压瓦斯会迅速破坏煤层而引起煤与瓦斯突出是影响突出的主要因素。主要代表假说有：“瓦斯包”说、突出波说、瓦斯膨胀说、裂缝堵塞说、闭合孔隙说和瓦斯解吸说等多种假说理论。

(1) “瓦斯包”说

该假说的提倡者为苏联的 E. И. 沙留金和英国的 R. 威廉姆斯，他们认为在煤层内存在高压“瓦斯包”，当工作面接近高压“瓦斯包”，且其压力超过煤体的极限强度时，煤壁就会发生破坏，造成煤与瓦斯喷出。

（2）突出波说

该假说的提倡者为苏联的C. A. 赫里斯基阿诺维奇，他认为煤层瓦斯存在很大的瓦斯潜能，且要比煤的弹性变形能大十余倍，如接近煤体强度低的区域时，在瓦斯的作用下，可以产生破坏煤体的突出波，进而诱发煤与瓦斯突出。

（3）瓦斯膨胀说

该假说的提倡者为苏联的B. И. 尼考林，他认为由于煤层中存在瓦斯含量的增高带，进而引起煤体膨胀、应力增高，且煤层透气性几乎接近于0，在进行巷道掘进时，由于应力的突然释放而诱发煤与瓦斯突出。

（4）裂缝堵塞说

该假说的提倡者为苏联的И. И. 阿莫索夫，他认为煤体中的瓦斯在由孔隙向外排放的过程中，裂缝被封闭或堵塞，造成瓦斯不能均匀地向外扩散，而使煤体中形成瓦斯压力增高区，进而诱发煤与瓦斯突出。

（5）闭合孔隙说

该假说的提倡者是苏联的A. H. 舍尔巴尼，他认为由于煤体具有吸收和解吸瓦斯的特性，在接近工作面区域，煤体强度降低，煤体中的瓦斯在孔隙壁的闭合面与敞开面间形成较大的压力差，当煤体破坏时，就容易造成煤与瓦斯突出的发生。

（6）瓦斯解吸说

该假说的提倡者为德国的K. 克歇尔，他认为煤体在卸压时微孔隙扩张，吸附潜能降低，瓦斯解吸，导致瓦斯压力增高，进而破坏强度较低的煤体而诱发煤与瓦斯突出。

（7）卸压瓦斯说

该假说的提倡者为苏联的B. B. 里热夫斯基，他认为突出煤层的透气性一般都较低，瓦斯较难均匀地向外流出。而采掘工作可使局部卸压，迅速卸压的瓦斯涌向煤壁，造成煤壁局部瓦斯压力升高，进而诱发煤与瓦斯突出。

（8）瓦斯煤粉说

该假说的提倡者为苏联的Л. H. 贝可夫、英国的H. 布列克斯和德国的M. 鲁夫等，他们认为由于构造应力的作用，粉煤自身存在于煤体中，当工作面接近构造带时，这些粉煤在瓦斯压力不大的情况下即会与瓦斯共同作用而诱发煤与瓦斯突出。

（9）火山瓦斯说

该假说的提倡者为日本的栗原一雄，他认为受火山活动的影响，煤体变质并产生热力变质瓦斯与岩浆瓦斯，进而形成高压瓦斯区，当采掘活动接近该区域时即容易诱发煤与瓦斯突出。

（10）地质破坏带说

该假说的提倡者为日本的兵库信一郎，他认为在地质破坏带潜在一定的高压瓦斯，当采掘活动接近该区域时，在爆破或地应力作用的影响下，煤岩体的裂隙就会增多，覆盖层阻力和瓦斯压力之间的平衡状态就会受到破坏，进而引起煤与瓦斯突出。

1.2.1.2 地应力主导作用假说

该假说认为地应力在突出过程中起主导作用。其主要包括集中应力说、岩石变形潜能说、塑性变形说、应力叠加说、振动波说和顶板位移不均匀说等多种假说理论。

（1）集中应力说

该假说的提倡者为苏联的 B. И. 别洛夫和 A. M. 卡尔波夫，他们认为在工作面前方存在支承压力带，由于厚弹性顶板的悬顶和突然下降而引起附加应力，煤体由于受集中应力的作用而破坏，甚至造成煤与瓦斯突出。

（2）岩石变形潜能说

该假说的提倡者为苏联的 B. Г. 阿尔沙瓦、И. M. 别楚克和法国的莫连等，他们认为煤层周围存在由于地质构造运动而引起的岩石变形弹性潜能的积聚，当工作面到达该处时，弹性岩石就会像弹簧一样伸张，进而破坏煤体而诱发煤与瓦斯突出。

（3）塑性变形说

该假说的提倡者为苏联的 A. B. 瓦尔琴，他认为煤体在压应力的作用下会发生弹塑性变形，造成工作面周围煤体的破坏，进而诱发煤与瓦斯突出。

（4）应力叠加说

该假说的提倡者为日本的矢野贞三，他认为煤与瓦斯突出是由于煤层受自重应力、地质构造力、火山与岩浆活动的热力变形应力、采掘压力与放顶动压等应力的叠加破坏而引起的。

（5）振动波说

该假说的提倡者为苏联的 C. H. 奥西波夫等，他们认为煤与瓦斯突出发展是由于受外力振动而引起煤岩振动波发展，且岩石的潜能和煤体的破坏维持并发展了此过程。

（6）顶板位移不均匀说

该假说的提倡者为日本的小田仁平次等，他们认为煤与瓦斯突出是由于煤层受顶底板不规则及不连续的移动而引起的。

1.2.1.3 化学本质作用假说

该假说认为煤质在煤与瓦斯突出过程中起主导作用，主要是由于煤体本身在地层中发生化学变化造成煤体破坏，从而诱发煤与瓦斯突出。到目前为止，煤质主导作用说很难在现场与实验室得到有效支持，已经被大多数研究者所抛弃，主要观点有爆炸煤说、重煤说、瓦斯水化物说、地球化学说、硝基化合物说等。

(1) 爆炸煤说

该假说的提倡者为苏联的 P. Л. 缪列夫等，他们认为煤与瓦斯突出是煤在地下很大深度变质时发生化学反应而引起的，在地层中由于煤的变质迅速转化为其他物质时出现连锁反应，在煤层中快速形成大量的 CO_2 和 CH_4，进而引起煤与瓦斯的爆炸性突出。

(2) 重煤说

该假说的主要提倡者为苏联的 Э. И. 盖克，他认为重碳(原子量为 13)和带氢同位素(原子量为 2)的重水参与了煤的形成，这些煤的重同位素即为“重煤”原子，在采掘活动时，能诱发煤与瓦斯突出。

(3) 瓦斯水化物说

该假说的主要提倡者为苏联的 B. T. 巴利维列夫、T. K. 克留金和 Ю. P. 马柯贡等，他们认为在一定的温度和压力条件下，煤层中会生成一定的瓦斯水化物，这些化合物以介稳状态存在，且具有很大的潜能，在采掘活动的影响下，这些化合物会迅速分解，形成高压瓦斯并破坏煤体而诱发煤与瓦斯突出。

(4) 地球化学说

该假说的主要提倡者为苏联的 A. M. 库兹聂佐夫，他认为煤与瓦斯突出是由煤层中不断进行的地球化学过程——氧化还原过程引起的，在该过程中会生成一些活性产物，致使形成高压瓦斯，在活性产物与煤种有机物质的相互作用下，煤分子遭到破坏，进而诱发煤与瓦斯突出。

(5) 硝基化合物说

该假说的主要提倡者为苏联的 B. B. 萨夫琴柯等，他们认为突出煤中积蓄了一定的硝基化合物，只要存在不大的活化能，这些硝基化合物就会发生放热反应，而当其热量超过分子的活化能时，将会加速反应的进行，并诱发煤与瓦斯突出。

1.2.1.4　综合作用假说

(1) 主要假说观点

该假说认为煤与瓦斯突出是由瓦斯、地应力和煤体物理力学性质等多种因素共同作用引起的，并得到了国内外多数学者的支持与认可，主要观点有：

① 瓦斯压力作用说。

该假说的主要提倡者为法国的 J. 耿代尔等，他们认为煤与瓦斯突出是综合作用的结果，但游离态的瓦斯压力才是煤与瓦斯突出的动力，吸附态的瓦斯解吸仅参与了煤的搬运。

② 应力分布不均说。

该假说的主要提倡者为苏联的 И. В. 包布罗夫，他认为由于地质构造的运动和采掘过程的影响，煤层围岩中存在不均匀应力的分布。由于围岩中应力的不均匀分布，围岩就容易产生不均匀移动，进而构成了不稳定的平衡状态；在煤与瓦斯突出发生前，由于外界的作用，围岩急剧变形，其不稳定的平衡状态被破坏，致使含瓦斯煤体暴露、破碎，并在暴露面附近形成瓦斯压力差，造成很薄的分层突破并反复作用，以突出波的形式向深部传播而释放大量的瓦斯，在瓦斯能量的作用下将破碎煤体抛出。

③ 动力效应说。

该假说的主要提倡者为英国的鲍来，他认为在掘进过程中，煤体受力状态由原来的三维应力状态变为两维应力状态，甚至一维应力状态，煤体结构受到动力破坏，瓦斯迅速解吸，并释放出大量的能量把破碎煤体抛出。

④ 破坏区说。

该假说的主要提倡者为日本的矶部俊郎等，他们认为突出是地应力与瓦斯压力共同作用的结果。突出煤具有不均质、各点强度不同的特点，在高压力的作用下，强度较小的点首先发生破坏，在其周围形成应力的集中，并逐步向周围强度小的邻点继续扩散，进而形成一个破坏区域，吸附态瓦斯由于煤体的破坏而解吸，并促使煤的内摩擦力下降，进而变成易流动的状态，最终诱发煤与瓦斯突出。

⑤ 能量积聚作用说。

该假说的主要提倡者为苏联的 B. B. 霍多特等，他们认为突出是由煤的变形潜能和瓦斯内能共同作用引起的，当煤体的受力状态发生突发性变化时，潜能的释放将引起煤体的破碎，瓦斯从已经破碎的煤体中解吸、释放，并形成瓦斯流，在潜能和瓦斯压力的作用下，把破碎的煤体抛向巷道，形成煤与瓦斯突出。

⑥ 流变假说。

该假说的主要提倡者为何学秋和周世宁等，他们在综合作用假说的基础上，对含瓦斯煤岩体三轴流变特性进行了研究，通过建立含瓦斯煤岩体流变本构方程，提出了含瓦斯煤岩体突出的“流变假说”[44]。流变假说理论考虑了时间和空间的因素，并提出了抽瓦斯、卸应力、控流变和防突变的煤与瓦斯突出预防原则。通过对含瓦斯煤岩体三轴蠕变行为的试验研究，他们证明了含瓦斯煤岩体是一种流变介质，推导并验证了含瓦斯煤岩体三轴蠕变本构方程，给出了含瓦斯煤岩体三轴流变本构方程，推导出了应力以恒速率变化时的动态规律。

通过研究，他们认为含瓦斯煤岩体加速流变演化而导致煤与瓦斯突出，当含瓦斯煤岩体受到大于煤岩体屈服载荷的外加载荷时，煤岩体随时间变化表现出明显的如图 1-1 所示的三个阶段的变化规律：第Ⅰ阶段为减速变形阶段；第Ⅱ阶段为稳态变形阶段；第Ⅲ阶段为加速变形阶段。

图 1-1 中，第Ⅰ阶段和第Ⅱ阶段为煤与瓦斯突出的准备阶段，第Ⅲ阶段为煤与瓦斯突出的发生与发展阶段。如果含瓦斯煤岩体的屈服载荷大于外加载荷时，煤岩体的流变具有衰减特性，将不会出现第Ⅲ阶段；反之，将会出现第Ⅲ阶段，而导致煤与瓦斯突出的发生与发展。同时，他们还认为瞬时煤与瓦斯突出与延期煤与瓦斯突出分别是由含瓦斯煤岩体的动态流变破坏与蠕变破坏发动的，煤与瓦斯突出的发展过程由动态流变过程来控制，受采动影响的煤岩体都处于煤与瓦斯突出准备的流变状态，同时通过原生和次生裂隙不断向煤与瓦斯突出发生区进行瓦斯补给，突出发生区界面和准备区界面的接近与侧压的增加都会促使煤与瓦斯突出停止。

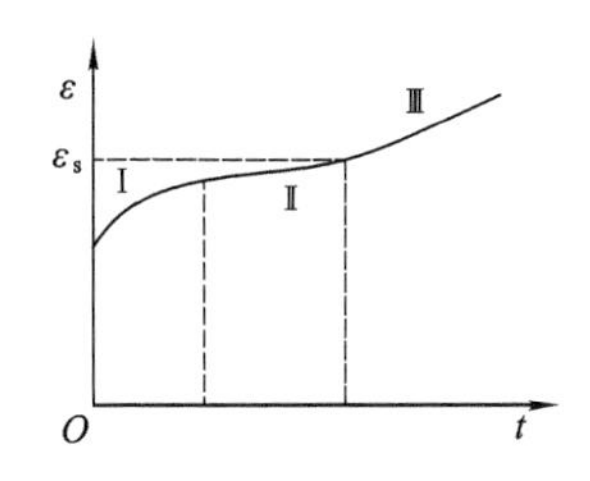

图 1-1 煤岩体蠕变曲线

(2) 煤与瓦斯突出综合作用机理

煤与瓦斯突出综合作用机理认为煤与瓦斯突出主要受煤体自身物理力学特性、瓦斯压力和地应力等因素的影响，是一种极其复杂的、破坏性极强的动力现象。

① 煤体物理力学特性对突出的影响。

a. 煤体结构的分类。

煤体是一种非均匀的、多孔介质，可以看作由孔隙、裂隙组成的双重孔隙结构，而孔隙、裂隙又均匀地分布在渗流区内，形成了连续的介质系统。含瓦斯煤体则是一种由煤体和瓦斯共同构成的、具有孔隙和裂隙双重特征的介质，其中的孔隙和裂隙对煤体内瓦斯的吸附、解吸与渗流等特性及煤体的强度都会产生一定的影响。

煤体最初形成时是植物各化学成分的转化物，经聚合和缩合而成形，沉积后，经温度、压力等的不断变化、脱水和凝胶，最终形成具有无数孔隙的胶凝物。按其生成原因划分，孔隙可划分为原生孔隙和在运动过程中形成的孔隙、裂隙等。煤体结构则是指煤的组成部分（即煤体颗粒）在空间中所表现的形态和尺寸。根据煤体的破坏程度、形态及粒度等，煤体在宏观结构上可分为 4 种类型[45](表 1-1);而煤体的细微观结构则是指煤体内部的孔隙、裂隙等细观尺度的分布,孔隙、裂隙按孔径结构可划分为微孔、小孔、中孔、大孔和超大孔等[46],详见表 1-2。

表 1-1 煤体结构类型

类型编号	类型	坚固性系数	瓦斯放散指数	特征	突出危险性
Ⅰ	原生结构煤	>0.8	<10	层理完整,质地坚硬,煤岩界限清晰,原生结构明显,内生、外生裂隙明显,捏不动,成块率高,粒级大	非突出
Ⅱ	碎裂煤	0.3~0.8	10~15	属构造煤,煤岩界限清晰,原生结构断续可见,可捻搓为厘米、毫米级的碎粒	过渡
Ⅲ	碎粒煤	<0.3	>15	属构造煤,原生结构破坏,有摩擦镜面,易捻搓为毫米级的碎粒或煤粉	易突出
Ⅳ	糜棱煤	<0.3	>20	属构造煤,原生结构破坏,有揉皱镜面发育,极易捻搓成煤粉	易突出

表 1-2 孔隙、裂隙按孔径结构划分方案(直径) 单位:nm

类型	单位或姓名							
	B. B. 霍多特(1961)	Dubinin(1966)	H. Gan 等(1972)	煤炭科学研究总院抚顺分院(1985)	杨思敬等(1991)	吴俊(1991)	秦勇(1994)	琚宜文(2005)
微孔	<10	<2	<1.2	<8	<10	<10	<15	<15
小孔	10~100	2~20	1.2~30	8~100	10~50	10~100	15~50	15~100
中孔	100~1 000	—	—	—	50~750	100~1 000	50~450	100~5 000
大孔	>1 000	>20	>30	>100	>750	1 000~15 000	>450	5 000~20 000
超大孔	—	—	—	—	—	—	—	>20 000

在成煤作用过程中,同时伴随着一定量瓦斯的形成,并且主要以游离态和吸附态的形式存在于煤体的孔隙和裂隙中,并以其为主要通道进行扩散和运移[47-50]。一般情况下,游离态瓦斯存在于煤岩体的裂隙或较大孔隙中,占据一定的存储空间,并与容积、压力和温度等相关;吸附态瓦斯主要吸附在煤体的微表面或微粒结构的内部,在分子引力作用下,紧紧地吸附于孔隙表面,并形成一定的瓦斯吸附层,占据着煤分子间的空间或结构的空位,与煤的孔隙结构、压力、温度和水分等因素相关[51-54]。

b. 煤体的物理力学特性对突出的影响。

普遍认为，煤体的物理力学特性是阻碍煤与瓦斯突出的主要因素，而煤体的物理力学特性与煤体结构直接相关。煤体结构历经变形和变质作用过程后，使得煤体可分为原生结构煤和构造煤。研究结果表明：原生结构煤只发育一些天然裂隙，且裂隙主次关系十分明显。构造煤则裂隙发育不规律，煤体结构很难分辨，微孔较为发育，总孔体积与总孔比表面积都远大于原生结构煤。构造煤存在着庞大的比表面积，进而构成了大量瓦斯存储的空间，为瓦斯的吸附创造了更大的场所，加之构造煤存在错综复杂的外生裂隙与内生裂隙，导致瓦斯不易运移，从而更容易积聚大量的瓦斯，其瓦斯吸附量可达原生结构煤的数倍之多，同时，由于构造煤比较发育，瓦斯的解吸速度也很快，容易在短时间内形成一定压力的瓦斯。此外，构造煤的渗透率比原生结构煤的渗透率大很多，有时可达原生结构煤的十倍左右，受应力作用和人为采掘活动的影响，瓦斯很容易在煤体中流动而引起瓦斯积聚，形成高压瓦斯区；构造煤强度较低，在较小的应力条件下即可发生较大的破坏，在瓦斯压力的作用下或应力集中区附近，一旦煤体被破坏或揭露，瓦斯会加速煤体的软化，并使软化煤体的裂隙进一步扩展，为瓦斯的渗透提供了更多的通道，在综合应力和瓦斯压力的作用下进一步破坏煤体而诱发煤与瓦斯突出。

可见，煤体结构对煤与瓦斯突出影响的关键原因是构造煤孔隙发育、容积大、比表面积大、吸附能力强、渗透率大、吸附和解吸速度快，能在煤体内短时间积聚大量的高压瓦斯，同时，其抵抗外界应力作用能力低，加之地应力的综合作用很容易诱发煤与瓦斯突出。

② 瓦斯压力对突出的影响。

瓦斯压力是煤与瓦斯突出过程中使煤体变形破坏的关键动力，在煤与瓦斯突出发生过程中起着决定性的作用；同时也是导致煤体抛出的主要因素，瓦斯压力的大小直接影响煤体变形破坏的程度与突出强度。在煤与瓦斯突出发生、发展的整个过程中，瓦斯压力变化特征及其对突出的影响主要表现在以下 4 个方面：

a. 瓦斯压力的变化规律。

突出煤体内的瓦斯主要以游离态和吸附态存在。游离态瓦斯自由存在于煤体孔隙间；吸附态瓦斯则以分子的形式吸附于煤体每个微小颗粒表面，并且在某种程度上保持一定的平衡。游离态瓦斯和吸附态瓦斯在一定条件下可相互转化。

游离态瓦斯在大孔或裂隙中做渗流运动，煤体孔隙中的瓦斯气体通过孔隙压力的方式对煤体施加应力，主要表现是：煤体瓦斯压力越大，含瓦斯煤体内部孔隙闭合越少，煤体内部孔隙单位时间内瓦斯流量越大；同时，随着煤体内部瓦斯压力的增加，其两端的压差会逐渐变大，在较大瓦斯压力的条件下，煤体内部瓦斯的流动速度也相应加大，瓦斯渗流速度也逐渐增大。当瓦斯压力增加到一定值时（如瓦斯压力足够使煤体变形破坏），瓦斯压力即表现为对孔隙或裂隙的影响较小，且煤体内部瓦斯压力分布比较均匀，瓦斯渗透速度基本恒定不变，瓦斯压力梯度基本趋于0，即使瓦斯压力持续增大，其渗透速度也不会随之增大。

b. 瓦斯压力对含瓦斯煤体强度的影响。

煤体的破坏可分为煤体在外部应力条件下的剪切破坏和在外界应力突然释放时的煤体破碎两种类型。第一类是典型的煤体在受力条件下逐步向临界状态转变的一个破坏过程，煤体的破坏主要表现为剪切破坏；第二类是煤体受外界应力的作用，应力突然释放，由于煤体孔隙内部瓦斯压力而造成煤体破碎的过程，煤体的破坏主要表现为拉伸破坏。

煤体中瓦斯的存在对其起到了软化作用，改变了含瓦斯煤体的变形特性与强度特性，加速了煤体的破坏。在煤与瓦斯突出的发生和发展过程中，在与地应力的共同作用下，瓦斯压力对煤体形成了拉应力作用，主要表现为煤体裂隙中的高压瓦斯在高速流动的情况下不断破坏煤体，使煤体形成更多新的暴露面，新的暴露面附近形成较高的瓦斯压力梯度和应力梯度，使煤体连续剥离、破坏并抛出，同时不断向煤体深部转移。

第一，瓦斯对煤体特性的影响。

瓦斯对煤体特性的影响主要表现为：在游离态瓦斯产生的力学作用和吸附态瓦斯产生的非力学作用下，煤体裂隙增加、通道增多，瓦斯流速和渗透性发生变化，最终导致煤体力学性质发生改变。研究结果表明，含瓦斯煤体在应力作用下，随着瓦斯压力的增加，弹性模量增加，煤体强度变低，煤体内部孔隙瓦斯压力升高，煤体产生软化。

第二，含瓦斯煤体的拉伸破坏。

当开采煤层突然发生破坏时，工作面处煤壁会产生快速剥离现象，导致深部高压瓦斯煤体产生新的暴露面，该暴露面处所受最小主应力突然减小，在煤体内部孔隙瓦斯压力较大的情况下，工作面内部煤体在应力作用下发生拉伸破坏，从而发生煤与瓦斯突出。

根据损伤力学理论，假设煤体中产生新的圆盘形裂纹，则裂纹在瓦斯气体压力作用下发生扩展的条件为：

$$p - p_0 \geqslant \frac{K_{IC}\sqrt{\pi}}{2\sqrt{r}} \tag{1-1}$$

式中　p ——孔隙瓦斯压力，MPa；

p_0——外界气体压力，MPa；

K_{IC}——煤体的断裂韧性，$MN/m^{1.5}$；

r——煤体内裂隙半径，m。

由式(1-1)可以看出，在外界气体压力不变的情况下，随着含瓦斯煤体裂隙的增大，煤体内裂隙扩展所需要的孔隙瓦斯压力则越小，可见，煤体内部孔隙瓦斯压力对煤体的破坏具有突变性，随着煤体孔隙瓦斯压力的增加和煤体内裂隙的减小，裂纹的进一步扩展会对煤体造成持续、巨大的破坏，导致煤与瓦斯突出的发生。

c. 瓦斯压力对突出强度的影响。

含瓦斯煤体的瓦斯内能是煤与瓦斯突出发生的主要能量来源之一，煤体中所含瓦斯量越大，越容易诱发较大强度的煤与瓦斯突出，同时，随着应力的增加煤体中瓦斯压力也逐渐增大，进而突出强度增大。瓦斯煤体的渗透性越差，在工作面前方越容易形成较大的瓦斯压力区或者在突出口附近形成积聚的“瓦斯包”，在生产过程中，由于瓦斯压力的突然释放而可能诱发煤与瓦斯突出。可见，瓦斯压力在煤与瓦斯突出过程中起着决定性作用，且对突出强度的影响很大。

此外，含瓦斯煤体在地应力作用下，受煤体自身特性的影响，当突出口煤岩体透气性较差时，瓦斯不易向气体压力较低的区域渗流或扩散，在工作面前方易形成较大的瓦斯压力区或“瓦斯包”，瓦斯不容易向外界及时释放，此时，突出口处瓦斯压力逐渐升高，瓦斯压力与瓦斯膨胀能共同作用促使突出口处煤岩体破坏而诱发较大强度的煤与瓦斯突出。当突出口处煤岩体透气性较好时，煤体内的瓦斯放散速度较快，能够通过突出口处煤体及时扩散或渗流到采掘空间，进而形成一定的瓦斯卸压区；受采掘活动的影响，上部煤体形成了集中的剪切应力，促使煤体破坏，而此时瓦斯压力变化较小，一般不会形成高瓦斯压力区，仅会发生少量煤壁处煤体的倾出或挤出，造成小规模的煤与瓦斯突出。

可见，在相同条件下，瓦斯压力对煤与瓦斯突出具有一定的影响。当工作面前方煤体内容易积聚瓦斯时，在煤与瓦斯突出发展过程中工作面前方煤体容易形成较大的瓦斯压力区，并促使煤体内部瓦斯内能增加，进而导致突出发生时总能量增加，突出强度增大，同时，在突出完成时，瓦斯压力还对煤体的破碎和抛射起到一定的作用。

d. 瓦斯压力对地应力的影响。

瓦斯压力对煤体的作用同地应力对煤体的作用是一对作用与反作用的关系。煤体所受地应力的作用促使煤体压缩、变形与破坏，而瓦斯压力则恰恰阻碍了煤体的收缩。瓦斯要充满煤体内整个孔隙或裂隙，促使煤体内部的裂隙增多与发育，在作用力与反作用力的条件下，瓦斯作为煤体中的一种活泼流体，在煤体内表现为吸附和解吸作用，随着瓦斯压力的增加，煤体孔隙也不断增加，由于瓦斯的吸附作用，煤体孔隙会不断变小。同时，存在一临界瓦斯压力，当小于此压力时，随着煤体瓦斯压力的增加，其孔隙的扩张小于孔隙的收缩，这样，煤体的瓦斯渗透性会降低；反之，当大于此压力时，随着瓦斯压力的增加，其孔隙的扩张则会大于孔隙的收缩，进而瓦斯所需渗透孔隙增加，瓦斯的渗透性随之增加。

③ 地应力对突出的影响。

地应力是煤与瓦斯突出的主要动力，一直以来都是煤与瓦斯突出机理研究的焦点，在煤与瓦斯突出过程中起主导作用。含瓦斯煤体始终处于复杂的应力状态下，受垂直地应力和水平地应力的影响。不论是在漫长的地质年代里，还是在煤矿采掘活动中，地应力的变化都会导致煤体的受力发生变化，对瓦斯的赋存状态和运移起到一定的作用，并与瓦斯压力共同作用，对含瓦斯煤体产生不同的影响。在突出过程中主要作用表现在以下三个方面：

a. 含瓦斯煤体应力分布演化。

地应力场指的是岩体应力在空间各点的分布。在采掘活动之前，未受采掘活动影响的应力场称为原始应力场，它是由自重应力场和构造应力场组成的。一般情况下，地壳浅部岩体的构造应力要比自重应力大，同时，在构造运动中，可能发生数次规模不等的构造应力，而最近一次的地质构造运动及由其带来的构造应力场对实际研究最有价值，当构造运动结束后，部分未经释放的应力会残留于岩体中，此部分应力称为构造残余应力。

最大主应力的作用方向一般情况下为水平或接近水平，且在地壳浅部最大主应力普遍大于自重应力，一般为自重应力的数倍至数十倍。由于采掘活动的影响，煤体采出后，其周围原始应力的平衡状态被破坏，导致工作面周围应力重新分布，形成了卸压区、应力集中区和原始应力区三个区域，并试图形成新的平衡状态，主要表现为：随着开采程度的变大，垂直应力、水平压应力和剪应力逐渐变大，而水平拉应力则有所减小。当煤岩体透气性较好时，煤与瓦斯突出过程中地应力起主导作用，此时煤体主要发生剪切破坏，煤体被压出或挤出，形成规模较小的突出。当煤岩体透气性较差时，地应力与瓦斯压力共同作用而破坏突出口，瓦斯压力起主导作用，此时垂直应力、水平压应力和剪应力随着瓦斯压力的增大而有所减小，由于瓦斯压力的作用，水平拉应力随着煤体的破坏程度而逐渐变大。受采掘活动的影响，煤体中的弹性潜能随开采深度的增加而增加，同时，煤体的位能也会转化为动能，进而表现为煤与瓦斯的突出。在突出发展的整个过程中，地应力与瓦斯压力共同作用而促使煤岩体突然破碎、剥离，使应力突然释放，新旧裂隙很快贯通并开放，同时，由于瓦斯气流的效应，形成膨胀瓦斯风暴和破碎煤体的抛掷。

b. 地应力对瓦斯赋存的影响。

地应力增强了瓦斯的存储能力，而瓦斯在煤体中存储能力的大小是影响突出强度的关键因素。地应力与瓦斯压力之间相互依赖、相互制约。

煤体瓦斯压力是评价煤与瓦斯突出的一个重要指标，它决定着瓦斯含量、瓦斯流动动力和瓦斯内能等。一般情况下，煤体瓦斯压力随埋深的增加而增加，在地质条件相同的情况下，同一深度的相同煤层瓦斯压力大致相同。此外，瓦斯压力的大小还取决于地质构造和煤岩体自身特性，构造应力大的区域瓦斯压力一般都比较高，并且瓦斯压力变化梯度也往往大于静水压力梯度，构造应力区煤体受到破坏，强度降低、瓦斯压力异常增高，构造应力相对集中，较易发生煤与瓦斯突出。同时，受采掘活动的影响，煤体原始应力平衡状态被打破并重新分布，在新的平衡状态形成之前，煤体内部裂隙会在一定程度上闭合或伴随新裂隙的生成，并在煤体内形成卸压区和应力集中区。由于采掘活动的影响，煤体结构发生变化，卸压区煤体内部裂隙的闭合或新裂隙的生成促使瓦斯解吸、压力升高和瓦斯运移，应力集中区瓦斯渗透能力降低、流动速度减小，进而造成了煤体内部瓦斯运移产生了区域性差异。

地应力与煤体孔隙瓦斯压力共同作用于煤体。地应力对瓦斯压力、瓦斯含量的影响可以用煤体渗透率与应力关系表示[55-56]：

$$K = K_0 \exp(-3C_\varphi \Delta\sigma) \tag{1-2}$$

式中 K ——地应力条件下的绝对渗透率；

K_0 ——无应力条件下的绝对渗透率；

C_φ ——煤体孔隙压缩系数；

$\Delta\sigma$ ——应力变化率。

由式(1-2)可以看出，煤体渗透率随应力的升高而降低，渗透率降低会导致煤体孔隙压力升高。在高应力区，地应力的升高直接导致瓦斯压力升高，使得煤体抵抗能力降低，进而促使煤体强度降低。

c. 地应力对煤体结构的影响。

煤体始终处于复杂的自重应力、构造应力和采掘活动引起应力集中的应力场中，且其结构在各种应力作用下发生了变化。

在构造应力作用下，原生结构煤受到破坏，煤体内部弱结构面受拉、压、挤、张等作用而发生破碎、强烈韧塑性变形或流变迁移等。煤与瓦斯突出事故案例说明，几乎所有煤与瓦斯突出事故的发生均与构造煤相关。

与原生结构煤相比，构造煤孔隙结构受到破坏，煤体强度降低，孔隙容积发生变化，孔隙结构的各向异性明显增强，煤体的比表面积增加，其吸附能力也增强。

大量煤与瓦斯突出事故案例表明，大型褶曲、煤层厚度变化、煤包等构造应力相对集中处是煤与瓦斯突出发生频率较高的位置。这主要是由构造应力场的不均匀性决定的。构造应力区造成构造应力的陡增且没有得到充分释放，加之构造地带构造煤较发育且应力比较集中，煤体处于高压状态，渗透性降低，有利于形成压力梯度大的高压瓦斯区，进而形成煤与瓦斯突出易发区。

综上所述，高地应力是煤与瓦斯突出的必要条件，决定了煤体结构的破坏、强度的降低和高压瓦斯的存在，对瓦斯压力和煤体结构均起到了控制的作用；同时，在构造应力带，即使煤层埋藏较浅，仍然有可能存在很高的构造应力，具有突出危险性。可见，地应力与瓦斯压力、煤体结构之间存在相互影响、相互制约的关系，如图 1-2 所示。

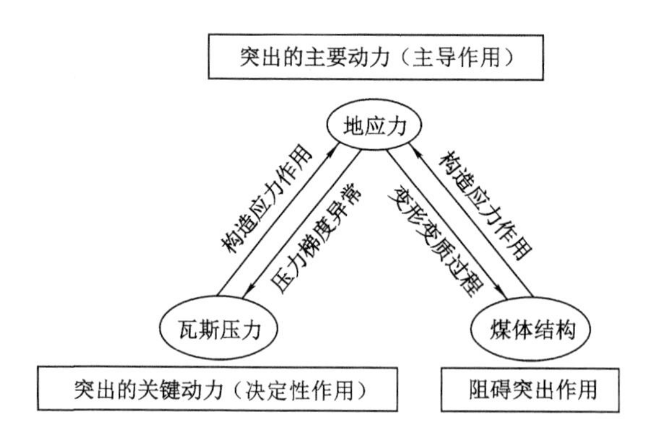

图 1-2　地应力、瓦斯压力与煤体结构作用关系图

1.2.2　煤与瓦斯突出物理模拟研究现状

自 20 世纪 80 年代以来，国内外众多学者在煤与瓦斯突出机理的理论指导下，进行了大量的关于突出机理方面的研究，并取得了显著成效[57-62]。由于煤与瓦斯突出的现场监测和研究危险性很大，大多数学者依靠实验室物理模拟的手段进行研究，主要研究结果如下：

蒋承林、唐俊等[63-65]认为地应力引起的弹性潜能最先对煤体进行破坏，并且含瓦斯煤体在卸压时刻存在一个释放瓦斯膨胀能的峰值；煤与瓦斯突出是突然暴露具有突出危险性的煤体而造成的，而延期是阻挡层的蠕变破坏引起的；并提出了预测煤层突出强度指标，建立了预测突出强度的函数，通过煤体初始释放瓦斯膨胀能与软煤的厚度来预测突出强度。

许江、王维忠等[66-71]认为煤与瓦斯突出呈现梨形突出孔洞，突出煤粉具有明显分选性，且瓦斯压力越大煤与瓦斯突出强度越大；瓦斯压力或突出口径均对煤与瓦斯突出有一定的影响，瓦斯压力或突出口径越大，煤与瓦斯突出强度越大；且瓦斯压力为煤与瓦斯突出的发生提供动力，并对煤粉有破碎作用；突出口径越大，越容易发生煤与瓦斯突出，突出口径影响破坏煤体中瓦斯的放散；突出口径越小，煤与瓦斯突出持续时间越长，瓦斯压力降低越慢，强度也越小；集中应力区的应力对煤与瓦斯突出具有重要作用，随着应力的增加，煤与瓦斯突出强度增加，抛出煤粉更加破碎，煤与瓦斯突出后煤体温度的降低量也增大；煤体粒径越小，对瓦斯吸附性越好，煤体力学强度越高，吸附瓦斯量也越大，煤与瓦斯突出强度也越大，但在煤与瓦斯突出过程中破碎效果却不十分明显。

尹光志等[72-73]认为随着含瓦斯煤体水分的升高，发生煤与瓦斯突出的可能性降低，突出强度也逐渐减小，且煤体含水率与煤与瓦斯突出强度之间呈二次曲线关系；在垂直应力一定的情况下，瓦斯压力与水平应力为反方向变化关系；在水平应力一定的情况下，瓦斯压力与垂直应力为反方向变化关系；且煤与瓦斯突出强度可反映延期突出的破坏程度，与临界瓦斯压力正相关、地应力负相关。

唐巨鹏、潘一山等[74-76]认为煤与瓦斯突出是含瓦斯煤体积蓄能量在达到临界状态时突然释放的结果，突出煤粉质量分布具有区域性的特征，煤粉质量的极大值区域以较小粒径的煤粉为主，煤粉质量的极小值区域以较大粒径的煤粉为主；煤与瓦斯突出是内外因素共同作用的结果，其中，瓦斯压力和煤体物理力学性质为内因，瓦斯压力是煤与瓦斯突出启动的内因动力源，地应力则是诱发煤与瓦斯突出的外因约束条件。

胡千庭、孙东玲等[77-80]认为煤与瓦斯突出是一个力学破坏过程：煤与瓦斯突出的准备阶段为煤岩应力集中和煤岩强度破坏的过程；煤与瓦斯突出的发动阶段是煤岩突然失稳与失稳后的煤岩快速破坏与抛出的过程；煤与瓦斯突出的发展阶段是煤体由浅部向深部扩展和破坏的过程；煤与瓦斯突出的终止是受孔壁堆积煤岩和孔洞煤壁受力状态改变的作用。在突出过程中，煤与瓦斯两相流出口流动状态与孔洞的形态、瓦斯压力、瓦斯含量及煤体破坏速度等相关，两相流在孔口存在一个临界运动状态，该状态是影响煤与瓦斯突出的关键因素，当在孔口的两相流超过临界状态时，孔洞内大量未完全膨胀的瓦斯会在巷道空间膨胀并产生巨大的动力效应，从而破坏生产矿井的设施设备。

蔡成功等[81-82]认为三维应力、瓦斯压力和煤型强度对煤与瓦斯突出有一定的影响，并通过模拟建立了三者之间的关系，其中应力与煤体物理力学性质是煤与瓦斯突出强度的主要决定因素；分析了突出强度与开采深度、地质构造、煤层厚度、预测指标、作业方式、巷道类型等之间的关系。

吴爱军等[83-84]认为煤与瓦斯突出过程中会产生三种结构的层裂体，且层裂体的结构演化是由地应力、瓦斯压力及煤体的物理力学性质等共同作用而引起的，并建立了板壳力学模型，得出发生煤与瓦斯突出的动力随着层裂煤体结构的演化而逐渐减小，即煤与瓦斯突出变得更加容易；在煤与瓦斯突出过程中，煤体内产生的冲击波在其界面上反射、透射，冲击波超压与冲击气流和突出的膨胀能量成正比，与巷道断面积呈反比；冲击波在单个层状煤体中传播会出现反射，传播到构造煤或硬煤岩体分界面上会产生透射和反射，当煤体受到强烈的压缩作用时就会产生压裂破坏。

李祥春等[85]认为振动是诱发煤与瓦斯突出的重要原因，会对煤体结构产生影响，使得煤体对瓦斯的吸附作用减小，并能延长吸附平衡时间，使游离态瓦斯增加；同时，振动能使煤体的裂隙增加和扩展，并形成大范围的连通，使得含瓦斯煤体的突出危险性大大增加。

高魁等[86-88]通过对原生结构煤和构造煤微观结构特征、吸附性、渗透性和力学特性的研究，认为构造煤结构破坏严重，裂隙、孔隙发育，其比表面积约是原生结构煤的 1.75 倍，吸附能力约是原生结构煤的 4 倍，渗透率约是原生结构煤的 10 倍，构造煤的特性是导致其更易诱发煤与瓦斯突出的原因。在综合考虑地应力、瓦斯压力与煤体结构的同时，利用实验平台模拟了石门揭煤中煤岩体应力及位移的变化规律，认为掘进工作面前方存在明显的应力集中，并且离构造煤越近应力集中越明显；煤与瓦斯突出前，掘进工作面前方应力突然释放，裂隙增大，位移产生突变，加速了瓦斯的放散速度。构造煤微孔特性为瓦斯赋存创造了条件，而瓦斯又在煤与瓦斯突出启动与发展过程中起着非常重要的作用，煤与瓦斯突出时，瓦斯压力突然释放，并产生膨胀潜能，作为动力来源的瓦斯压力加速了破碎煤体向采掘空间的抛掷。

1.2.3 煤与瓦斯突出声发射及微震研究现状

学者们利用声发射及微震技术对煤与瓦斯突出进行了研究，主要研究结果如下：

许江等[89-90]认为在煤体吸附瓦斯阶段，温度升高，随着卸压区应力的增大，温度增量明显减小，Hit 率峰值减小，声发射特性并不十分明显。在煤与瓦斯突出发生阶段，随着卸压区应力的增大，煤体温度发生突变，Hit 率峰值增大，声发射特性比较明显，声发射特性与温度变化之间存在密切的内在联系，说明在煤与瓦斯突出过程中煤体的破裂与能量的变化有着直接的关系。含瓦斯煤体在不同含水率、相同瓦斯压力条件下，在煤与瓦斯突出过程中，声发射事件计数率、累计计数、事件能量率、累计能量、最大幅值和高幅值等均随含水率的升高而降低，同时，声发射事件计数集中区存在由大幅值向小幅值转移趋势；含瓦斯煤体相同含水率条件下，在煤与瓦斯突出过程中，高能量、高幅值声发射事件数随瓦斯压力的升高而增大。

曹树刚等[91-92]认为在单轴压缩作用下，突出煤体声发射现象贯穿整个试验过程。在蠕变期间，声发射振铃事件比递减速度较快，且随应力水平的升高而增加，声发射累计振铃数的变化曲线能较好地体现突出煤体蠕变特性的变化趋势，且在煤体破坏前极短的时间内，声发射变化显著，预示着煤样试件即将破坏。在不同轴向载荷的作用下，煤样声发射特性的变化具有一定的阶段性，而弹塑性阶段则是累计振铃数增长的主要阶段，达到声发射振铃总数的35.35%，在接近峰值时，声发射累计振铃数增长趋于平缓，声发射也相对平静；提出声发射累计振铃数的突增与峰值前的相对平静可用来作为预测预报煤与瓦斯突出的征兆。

赵洪宝等[93-94]认为具有突出倾向的煤体在单轴压缩过程中，声发射各参数随着煤样的变形呈上升趋势，且在屈服阶段后期出现了最大振幅与最密集声发射事件区，此时，预示着试件即将发生破坏，声发射事件累计曲线、振幅变化曲线等与单轴压缩应力-应变曲线基本相似，随着循环载荷作用次数的增加，声发射事件与能量皆呈递减趋势，在卸载阶段无声发射事件的出现。在三轴压缩过程中，含瓦斯煤体声发射事件没有出现特别稠密或稀疏的区域，仅在压密与线弹性阶段的中间点与邻近峰值阶段处出现相对稠密的区域，声发射事件振幅较小，能量变化与振幅变化基本一致，随着围压的增加，声发射事件数、振幅事件数不断减小，外加应力是导致煤体微观结构变化的主要原因，促使煤粒的碎裂、断裂与相对错动。

艾婷等[95]认为在不同围压作用下，煤岩体在静水围压阶段，声发射信号主要发生在中前期，表现为裂隙的压密等，且与煤岩体的原生裂隙、孔隙发育程度相关；在施加轴压阶段，声发射的时空演化过程能够很好地对应应力-应变曲线；在损伤、屈服与破坏阶段，声发射特征会产生明显突变，且破坏前兆点的应力强度百分比为92%～98%，揭示了煤岩体破裂过程中的声发射围压效应。

刘健等[96]认为在石门揭煤的过程中，随着构造带巷道向前掘进，上方岩层会经历应力的增大和减小，但由于构造区煤层应力集中系数较大，具有较强的应力敏感性，在巷道开挖与突出过程中，声发射信号可以很好地反映煤岩的动态变化情况；当巷道掘进时，构造煤会不断地积聚弹性能与瓦斯内能，并相互作用而达到能量的极限平衡状态，一旦石门揭煤破坏该系统，就会导致系统失稳而诱发煤与瓦斯突出。

雷文杰等[97]认为在垂直应力和水平应力综合作用下，煤与瓦斯突出全程响应共分为孕育、激发、发生和残余等4个阶段。其中，孕育阶段信号体现为高频信号；激发阶段的信号呈逐渐加宽到出现低频信号的过程；突出阶段信号体现为全频带信号响应；而残余阶段信号则体现为由相对较低的频带信号逐渐向高频带信号过渡。

尹永明等[98]通过对回采过程中煤岩的破坏与应力变化的实测，结合瓦斯涌出量数据的分析，认为事件能量峰值略早于工作面前方煤体的应力极值和瓦斯抽采指数峰值的出现，可根据事件能量变化规律反映工作面煤体应力的变化与瓦斯的涌出，工作面基本顶周期性地运动是诱发工作面风排瓦斯量周期性变化的主要影响因素，当基本顶发生周期性断裂时，采空区的瓦斯涌出量会突然增大，风排瓦斯量也随之变大，且采空区积聚的瓦斯为瓦斯的主要来源。

朱权洁等[99]认为煤与瓦斯突出从孕育、准备、发生、延续、终止与微震信号的时、频域特征的差异性、阶段性相对应，研究了微震事件数、事件发生率、能量与当量能量等指标之间的阶段差异性，并利用该差异性描述煤岩体内微震活动的演化规律，推断稳定性状况，并可借此提前预测灾害的发生。

1.2.4 煤与瓦斯突出数值模拟研究现状

学者们通过建立数值计算模型对煤与瓦斯突出进行了探讨、研究，主要研究成果如下：

唐春安、徐涛等[100-104]认为在地压、瓦斯和煤体力学性质的作用下，石门揭煤诱发煤与瓦斯突出过程中，受采动影响的作用煤岩介质渐进破坏，含瓦斯煤岩体中裂纹萌生、扩展、贯通并造成煤岩体的抛出，通过发生、发展过程中应力场的演化阐述了地压、瓦斯和煤体力学性质等对煤与瓦斯突出的作用；随着瓦斯压力的不断增大，以及煤样裂纹的出现与扩展，煤样的应力增大区域出现孔洞并逐渐扩展，形成一个以瓦斯压力包裹的主裂纹，并最终造成煤与瓦斯突出。

段东等[105-107]认为不同孔隙压力、不同渗透性煤体条件下，煤体的破裂形式与瓦斯突出的特征不同，瓦斯与地应力所起的作用也不同。当地应力小于1 MPa时，地应力会阻碍瓦斯的突出；当地应力大于1 MPa时，水平应力会增强煤体抵抗破坏的能力，而垂直应力会加速煤体破坏，浅埋煤层所受地应力较小，而水平应力和垂直应力则大范围存在，导致浅埋煤层多发生特大型煤与瓦斯突出。

王锐等[108]在基于颗粒流理论的条件下利用颗粒流分析程序（PFC^{3D}）软件对突出进行了模拟，建立了煤体参数与颗粒流数值模型关系，得出：在突出准备阶段，煤壁深部的瓦斯压力较高，突出孔洞处瓦斯压力梯度也较高；在发动与发展阶段，煤体的平衡状态被打破，破坏范围扩大；突出时，工作面的前方煤体在靠近煤壁暴露面处最大主应力偏离垂直方向，并形成凸向煤壁深处的一个圆弧。

高魁等[109]通过数值模拟分析认为掘进巷道前方围岩在石门揭煤过程中存在着明显的应力集中，致使煤体中积聚很大的弹性潜能，煤体瓦斯压力梯度增加，为煤与瓦斯突出提供了能量基础，同时指出地质构造附近存在明显的构造应力区，并与掘进时导致的应力集中相互叠加，进而促使构造煤形成向煤体深部扩展的大型突出。

蒋承林、胡新成等[110-111]对石门揭煤时工作面前方煤体稳态应力场和动态应力场进行研究，探讨了突出阵面推进过程中煤体在不同阶段起到的主要作用，结合断裂力学分析了突出的发生过程，提出了煤与瓦斯突出球壳失稳假说，并给出了发生突出的力学条件，同时进行了模拟验证；应用层次分析法的基本原理分析了突出危险程度指标，建立了评价模型，并通过评价模型指标很好地反映了突出危险性，具有一定的使用价值。

潘一山等[112]认为煤与瓦斯可以看作含有流体的多孔介质，采用孔隙瓦斯压力局部化与射流理论来研究突出问题，模拟验证了煤体变形的局部化，给出了煤与瓦斯突出射流流速与流量的表达式：

$$v_{\mathrm{f}} = 40\sqrt{p} \tag{1-3}$$

$$q_{\mathrm{f}} = 31.4d^2\sqrt{p} \tag{1-4}$$

式中 v_{f}——射流流速，m/s；

p——射流压力，MPa；

q_{f}——射流流量，t；

d——突出口距离地面的高度，m。

梁冰等[113]根据煤体变形破坏与瓦斯渗流的关系，提出煤与瓦斯突出是在采掘活动影响下，含瓦斯煤体快速破坏，应力、瓦斯和煤体力学性质共同作用的固流耦合失稳理论，利用狄利克雷(Dirichlet)原理(也称最小势能原理)建立了瓦斯对煤体的本构关系，通过煤与瓦斯突出数学模型及数值模拟，得出采深与瓦斯压力的增加都会增加煤与瓦斯突出的危险性。

张我华[114]依据损伤力学与动力学的观点，结合煤层中瓦斯气迁移的理论，通过局部化的处理，提出了煤与瓦斯突出过程中煤介质失效、破坏的局部损伤机理数值模型，该模型考虑了瓦斯吸附、气体流动、煤介质变形与煤层中损伤的发展和传播，并应用于有限元分析；阐述了煤体的断裂损伤是从工作面开始，之后向内部传播，损伤破坏程度随着向煤层深部的发展而减小，最高损伤出现于突出开始的瞬间，之后沿着横向在煤层中短时间内急剧减小。

刘彦伟等[115]认为瓦斯膨胀能是煤与瓦斯突出的主要能量之一，通过数值模拟、理论分析等方法得出煤与瓦斯突出的过程是一个偏向于等温的多变过程，提出了瓦斯膨胀能的计算方法，其中多变指数可通过试验测得的煤体温度进行计算，吸附瓦斯与游离瓦斯膨胀能可用多变指数来计算。

丁继辉等[116]在多相介质力学和热力学第二定律基础上，以应力的二阶功最小原理为准则，建立了突出固流两相介质耦合失稳数学模型，提出了煤体有限变形下突出耦合失稳理论，给出了固流两相介质耦合失稳非线性有限元方程，通过数值计算认为失稳前后自由表面位移量急剧增加，这种位移的突变恰恰反映了煤体结构破坏的突然性。

祝捷等[117]通过李普曼(Lippmann)冲击地压基本理论，考虑冲击地压发生时瓦斯压力的影响，建立了煤层平动突出模型，并利用快速拉格朗日法(FLAC)进行数值计算分析，得到不同瓦斯压力条件下煤层扰动区的范围、塑性活动区的长度及煤体失稳前的应力分布；研究巷道两帮水平位移，研究结果表明，煤层的稳定性与瓦斯之间存在相关性，高压瓦斯为煤体的失稳提供助推力。

1.2.5　煤与瓦斯突出防治技术研究现状

煤与瓦斯突出是一种极其严重的煤矿事故。据统计，中国、俄罗斯、日本、法国、波兰、澳大利亚、德国、比利时、匈牙利、加拿大、印度、南非、英国和捷克等多个国家曾经发生过煤与瓦斯突出，且中国、俄罗斯、日本、法国、波兰等国家煤与瓦斯突出事故最为严重。在对煤与瓦斯突出机理和数值模拟等研究的同时，国内外学者们通过对防突技术措施的试验，对煤与瓦斯突出的防治技术进行了比较广泛的研究，并取得了一定的成效。

目前，煤与瓦斯突出防治技术的发展大致可分为以下三个阶段[118-119]：① 以松动爆破为主的第一阶段，该阶段主要以安全防护为目的，主要是为了避免人员的伤亡与财产的损失；② 以消除突出因素为主的第二阶段，该阶段主要以防治突出为目的，采取了开采保护层和超前卸压钻孔等防突措施，但效果并不理想；③ 以综合防突为主的第三阶段，该阶段始于 20 世纪 80 年代，我国则明确归结为“突出危险性预测、防治突出措施、防治突出措施的效果检验、安全防护措施”四个方面[120]，即“四位一体”综合防突技术措施。

1.2.5.1　突出危险性预测

“四位一体”综合防突措施的第一个环节是突出危险性预测，其主要目的是确定突出危险区域和地点，使防突措施的执行有的放矢，确保安全。

目前，突出危险性预测一般分为区域突出危险性预测和工作面突出危险性预测。开采实践结果表明，煤与瓦斯突出具有区域性分布特点，灾害发生区域占整个开采区域的仅 8%～20%[121]。区域突出危险性预测就是为了找出这些区域，并在此基础上展开工作。目前，国内外区域突出危险性预测主要采用单项指标法、地质统计资料法及综合指标法等常用方法[122-124]，近年来，国内又开展了物探法与瓦斯地质法等区域煤与瓦斯突出预测方法。工作面突出危险性预测主要是确定采煤工作面或掘进工作面前方煤与瓦斯突出的危险性。根据煤与瓦斯突出的综合作用机理，地应力、瓦斯压力和煤体物理力学性质是煤与瓦斯突出的主要影响因素，因此，突出危险性预测的实质就是研究三个主要因素与突出危险性之间的关系。基于煤与瓦斯突出机理，学者们提出了多种突出危险性预测指标，并指出应用模糊数学[125-126]、神经网络[127-128]、灰色理论[129]、构造物理环境[130]、可拓学理论[131-133]和聚类分析[134]等方法与理论可以预测煤与瓦斯突出的发生，并为煤与瓦斯突出的预测提供一些技术途径。

1.2.5.2 防治突出措施

“四位一体”综合防突措施的第二个环节是防治突出措施，其目的主要是在预测具有突出危险性的地段采取一定的防治突出措施，最终达到预防效果。这是防止突出事故发生的第一道防线。

防治突出措施主要有区域防突措施和局部防突措施两类。区域防突措施主要有开采保护层和预抽煤层瓦斯；局部防突措施主要有松动爆破、超前钻孔、高压煤层注水、水力冲孔、水压致裂、水力割缝和煤体固化等。

(1) 开采保护层

开采保护层是一种经济、简单、有效的区域性防突措施，自法国1937年使用这一措施以来，各国家和地区几乎都采用过该措施，取得了一定成果并受到推广，因此，在条件合适时大多都会使用[135-139]。其主要原理是：保护层被开采后，其顶板岩层受采动影响而形成垮落带、裂隙带和变形带，底板岩层则形成卸压带，煤层群围岩发生垮落、移动和卸压，使其邻近层煤层膨胀、变形，透气性大幅度增加，邻近层瓦斯解吸，并通过裂隙涌向开采煤层，向开采煤层采空区转移，促使瓦斯压力降低、含量减少，进而降低了煤与瓦斯突出的危险性，起到预防煤与瓦斯突出的作用。

(2) 预抽煤层瓦斯

预抽煤层瓦斯是指在采掘工作面未正常生产前，在煤层中提前打钻孔进行瓦斯抽采。主要做法是：将钻孔与瓦斯抽采管路连接，利用瓦斯抽采泵进行高压瓦斯抽采，并通过足够的时间达到预期抽采效果，降低煤层瓦斯压力和瓦斯含量，使煤层瓦斯潜能得以释放；由于瓦斯的释放，煤体收缩、变形，地应力降低，煤层透气性增加，煤体强度提高，进而通过增大煤体抵抗突出的阻力而使其失去突出危险性[140-143]。

(3) 松动爆破

松动爆破是利用钻孔将工作面前方煤层进行爆破，使煤体松动，煤岩体卸压、瓦斯得以排放，进而预防煤与瓦斯突出的发生，其实施效果较好；但在施工时一旦措施不当，容易导致瓦斯燃烧、爆炸，甚至诱发煤与瓦斯突出[141,144]。

（4）超前钻孔

超前钻孔是在工作面前方煤体中布置一定数量的释放钻孔，并保持一定的超前距离，使其穿过应力集中区，利用钻孔对工作面前方煤体进行卸压，促使应力集中区向煤体深部转移，进而达到消除或者减弱煤与瓦斯突出的目的；但是，当煤层瓦斯压力较大或地应力较大时，超前钻孔的布置容易造成卡钻、塌孔或喷孔等现象，而钻孔深度不够时又达不到防突的效果[141,145]。

（5）高压煤层注水

高压煤层注水是通过在工作面前方煤体中布置的钻孔向煤体注水来改变煤体的渗透性、力学性质和应力状态等，进而改变煤与瓦斯突出的激发条件，从而达到消除或减弱煤与瓦斯突出的目的。高压煤层注水可以将煤层中游离态瓦斯或部分吸附态瓦斯驱替出来，封闭瓦斯解吸通道，降低瓦斯解吸速度，减少破碎煤体的解吸量，改变煤体的力学性质，降低应力程度。合理的高压煤层注水对防治煤与瓦斯突出具有比较显著的效果[146-148]。

（6）水力冲孔

水力冲孔是在采掘活动之前，利用煤岩柱作为安全屏障，在钻孔中通过钻头的切割与高压水射流冲击煤体，形成大直径的孔洞，当部分煤体和瓦斯从孔洞中排出后，孔洞周围煤体裂隙增多、地应力降低、透气性增高，使得一定范围内的瓦斯含量降低。水力冲孔不仅降低了诱发煤与瓦斯突出的动力，而且改变了煤层的性质，使煤体失去了突出的能力，起到了防治煤与瓦斯突出的作用[149-152]。

（7）水压致裂

水压致裂是通过钻孔将混入石英砂或其他支撑剂的高压液体压入煤体内，促使煤体形成不规则的裂缝，并使支撑剂充满裂缝，进而在停止压裂后可以使裂缝得以保持，以便提高煤体渗透性。但由于煤体结构复杂（如煤质较软），经常会造成支撑剂嵌入煤体方向或压裂方向较难控制，造成压裂效果不佳[153-160]。

（8）水力割缝

水力割缝是在工作面前方煤体布置钻孔，在钻孔中以高压水作为切割动力，在煤体中形成一条切割裂缝[161-164]，以达到增大卸压范围和煤层渗透率、提高瓦斯抽采效果、降低突出煤与瓦斯危险性、防止煤与瓦斯突出的目的[165-167]。

（9）煤体固化

煤体固化是向煤体中压入一定量性能适宜的固化剂，并使固化剂渗透到煤体中的裂隙和孔隙中，通过人为的方式改变煤体物理力学性质，增加煤体强度，减少煤岩体之间的力学差异，进而增强煤岩体交界面处的整体性，降低瓦斯解吸速度，减少瓦斯解吸量，降低煤体吸附能力，从而使外部煤体阻滞内部煤体的突出[168-172]。

1.2.5.3 防治突出措施的效果检验

“四位一体”综合防突措施的第三个环节是防治突出措施的效果检验，其主要目的是在防治突出措施实施之后，对防治突出措施效果的有效性进行现场检测，检测其预测指标是否降到突出危险值之下，以确保防治突出措施效果；如检测到防治突出措施无效，必须采取附加措施，直到效果检验有效为止。为了提高防治突出措施效果的可靠性，在采取防治突出措施后必须进行防治突出措施效果的检验，以防煤与瓦斯突出事故的发生。

1.2.5.4 安全防护措施

“四位一体”综合防突措施的第四个环节是安全防护措施，其主要目的是在突出危险性预测失误、防治突出措施失效的情况下，发生煤与瓦斯突出时，避免造成人员伤亡所必须采取的安全防护措施，是防止煤与瓦斯突出事故发生的第二道防线。目前，我国主要采用震动爆破、远距离爆破、避难所、压风自救系统和隔离式自救器等安全防护措施。

总之，国内外众多学者对煤与瓦斯突出防治工作进行了大量的研究，但是，由于煤与瓦斯突出机理的复杂性及煤层赋存的复杂性、防治技术的局限性，仍需对防治煤与瓦斯突出的方法与措施进行进一步的研究和技术改进。

1.3 煤与瓦斯突出研究现状的不足及本书的研究内容

目前，国内外许多学者对煤与瓦斯突出从力学角度、能量角度及机理等方面做了大量研究，并取得了重大进展。但由于矿山地质和开采条件的复杂性，以及煤岩体自身结构的特殊性，对于煤与瓦斯突出在许多方面仍需要进一步的探讨与研究。本书在总结前人研究成果的同时，从多方面分析含瓦斯煤体的变形、破坏规律，探讨煤与瓦斯突出过程中煤体瓦斯吸附、解吸和运移规律，对煤与瓦斯突出过程及演化机制进行系统性的研究，以期揭示煤与瓦斯突出过程及其机理，为煤与瓦斯突出的理论研究和防治技术提供一定的支持。

已有的研究成果和研究基础对煤与瓦斯突出机理和防治起到了一定的推动作用，本书在前人的研究基础上，系统地研究和阐述了以下六个方面的内容：

第一，煤与瓦斯突出物理模型和数值模型建立的基础及各因素对煤与瓦斯突出的影响作用分析。

第二，地应力、瓦斯压力和煤岩体物理力学性质（尤其是突出口煤岩体强度）等对煤与瓦斯突出的影响及其关键作用分析。

第三，煤与瓦斯突出过程中，含瓦斯煤体在三维应力作用下突出演化过程及变形失稳破坏规律研究。

第四，煤与瓦斯突出演化过程中，含瓦斯煤体变形破坏三维结构模型的确定。

第五，煤与瓦斯突出判断准则的确定。

第六，水力割缝卸压增透原理与目的分析及水力割缝防治突出技术措施和效果分析。

1.4 研究方法

本书主要通过实验室物理模拟试验、声发射技术研究和数值模拟等方法与手段，以损伤力学、断裂力学、岩石力学和瓦斯渗流学等力学理论和能量守恒定律为基础，对含瓦斯煤体在三维应力和孔隙压力作用下煤与瓦斯突出的临界参数与破坏特征进行研究，分析煤与瓦斯突出的关键影响因素，揭示煤与瓦斯突出孕育、发生、发展和终止的演化机制。同时，通过水力割缝消突工程试验研究进行了验证，对煤与瓦斯的突出机制与防治工作进行更进一步的研究，为煤与瓦斯突出机制和防治技术措施等研究提供了一定的理论依据。

本书利用自主研制的“三维应力作用下煤与瓦斯突出模拟试验系统”、结合声发射技术，以损伤力学、断裂力学、岩石力学和瓦斯渗流学等为基础，数值模拟软件为研究工具，考虑了煤岩体的非均匀性、非连续性等特性，建立了固-气耦合数学模型，通过对含瓦斯煤体在三维应力和孔隙压力作用下主动破坏突出口而完成突出的物理模拟试验研究、声发射特性研究和数值模拟研究等，反演煤与瓦斯突出的孕育、发生、发展和终止的全过程，并对研究结果进行分析、比对与讨论，同时，结合现场消突工业性试验，研究煤与瓦斯突出的防治技术措施与防治突出机理。

1.4.1 实验室物理模拟试验

笔者利用自主研制的“三维应力作用下煤与瓦斯突出模拟试验系统”，反演含瓦斯煤体在完全封闭状态下受三维应力和孔隙压力的作用而主动完成煤与瓦斯突出孕育、发生和发展和终止的全过程；通过实验室物理模拟试验，对煤与瓦斯突出的关键影响因素进行研究，进一步分析各影响因素在煤与瓦斯突出中的作用，并对突出强度进行分析，进而揭示煤与瓦斯突出机制与突出现象。

1.4.2 声发射技术研究

笔者通过分析含瓦斯煤体在三维应力作用下的声发射时空关系与声发射信号特征，研究含瓦斯煤体在三维应力作用下的变形破坏演化过程及形态与结构，分析含瓦斯煤体在三维应力作用下的变形破坏特点，探讨煤与瓦斯突出前的破坏征兆，揭示煤与瓦斯突出的演化过程，为煤与瓦斯突出的研究和防治工作提供一定的理论和试验基础。

1.4.3 数值模拟

笔者基于损伤力学、断裂力学、岩石力学和瓦斯渗流学等，考虑煤岩体的孔隙、裂隙双重介质，建立固-气耦合数学模型，通过数值模拟分析地应力、瓦斯压力和煤岩体物理力学性质等对煤与瓦斯突出的影响，揭示煤与瓦斯突出过程中应力、瓦斯压力、煤岩体强度等的变化规律，为煤与瓦斯突出的研究提供理论依据。

1.4.4 现场工业性试验

笔者结合现场防突工业性试验，通过水力割缝卸压增透后围岩应力变化规律分析，揭示水力割缝防突技术对煤与瓦斯突出主要影响因素的消除或减弱作用与效果，为煤与瓦斯突出的防治提供一定的理论与实践依据。

第2章　煤与瓦斯突出物理模拟试验

在实验室条件下，笔者利用自主研制的“三维应力作用下煤与瓦斯突出模拟试验系统”进行实验室三维应力和孔隙压力作用下煤与瓦斯主动式突出模拟试验，通过物理模拟试验系统对煤与瓦斯突出进行研究。

2.1　物理模拟试验系统

2.1.1　物理模拟试验系统及其原理

试验采用自主研制的“三维应力作用下煤与瓦斯突出模拟试验系统”进行三维应力与孔隙压力作用下煤与瓦斯主动式突出物理模拟试验。该系统主要由煤与瓦斯突出试验装置、三维应力加载与数据采集系统、瓦斯吸附与数据采集系统及附属装置和声发射监测与分析系统构成。煤与瓦斯突出物理模拟试验系统及原理图如图2-1所示。

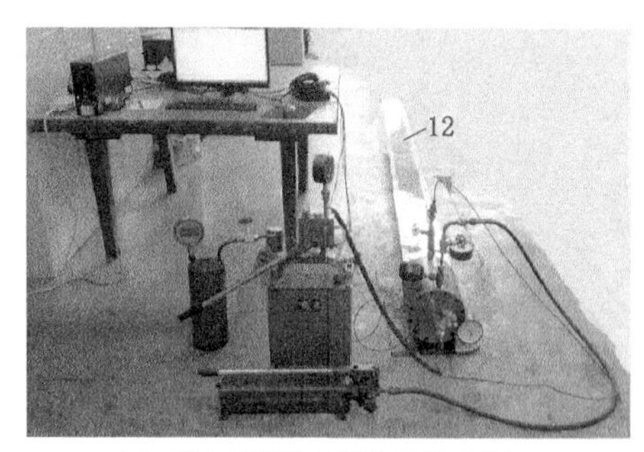

（a）煤与瓦斯突出模拟试验系统图

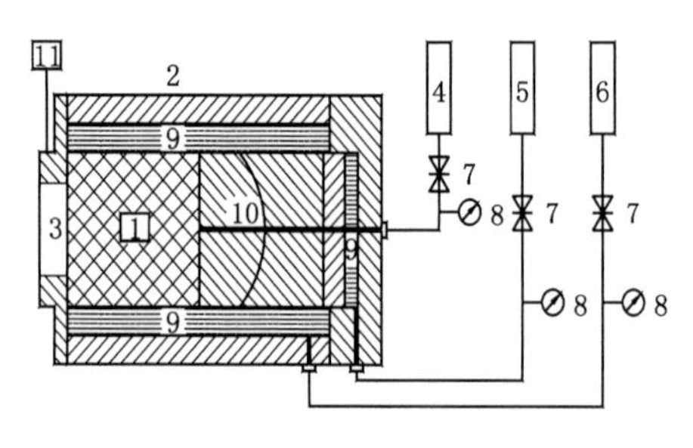

（b）煤与瓦斯突出模拟试验原理图

1—试验煤样；2—突出模拟试验装置；3—突出口自由弱面；4—CH_4供气瓶；
5—轴向压力加载装置；6—侧向压力加载装置；7—调节阀；8—压力表；9—液体；
10—球形座；11—声发射测试系统；12—模拟巷道。

图2-1　煤与瓦斯突出物理模拟试验系统及原理图

在三维应力与孔隙压力作用下，该煤与瓦斯突出物理模拟试验系统可以对不同的含瓦斯煤体主动破坏突出口从而实现突出的全过程进行反演模拟，与之前众多学者[66-67,74,76,81]所研制的突出模拟系统相比，具有以下主要特点与功能：

(1) 传统的突出装置或系统在煤体吸附瓦斯后，大多采用手动或者机械打开突出口而完成突出，而该系统实现了对含瓦斯煤体进行三维应力加载，含瓦斯煤体在三维应力作用下变形破坏，进一步破坏突出口而完成突出，对煤与瓦斯突出的孕育、发生、发展、停止全过程进行了反演。

(2) 实现了单向最大加载压力为 30 MPa 的高压加载，并在高压条件下实现了煤与瓦斯突出系统的密封性和可靠性及各监测系统的稳定性。

(3) 采用轴向压力和侧向压力的分系统加载，轴向压力利用球形座进行固体均匀加载，侧向压力利用液压传递进行加载，两种加载方式均实现了含瓦斯煤体的三维均匀受力。

(4) 通过压力数据采集系统可实时记录试验过程中轴向加载压力和侧向加载压力的大小，并通过瓦斯吸附与数据采集系统实时记录试验过程中煤体瓦斯压力的变化情况。

2.1.2　煤与瓦斯突出模拟试验装置

煤与瓦斯突出模拟试验装置外形为圆柱状模型，其外形尺寸为 ϕ 230 mm×L300 mm，内部腔体尺寸为 ϕ 145 mm×L200 mm，内部腔体放置厚度为 3 mm、内部为 100 mm×100 mm×200 mm 长方体橡胶套，橡胶套内可放置 100 mm×100 mm×100 mm 的标准正方体煤样试件和 100 mm×100 mm×100 mm 球形底座。该系统一端为自由弱面，用来作为模拟突出口；另一端连接轴向压力加载系统与瓦斯吸附系统，腔体侧部连接侧向压力加载系统。煤与瓦斯突出试验装置结构示意图如图 2-2 所示。

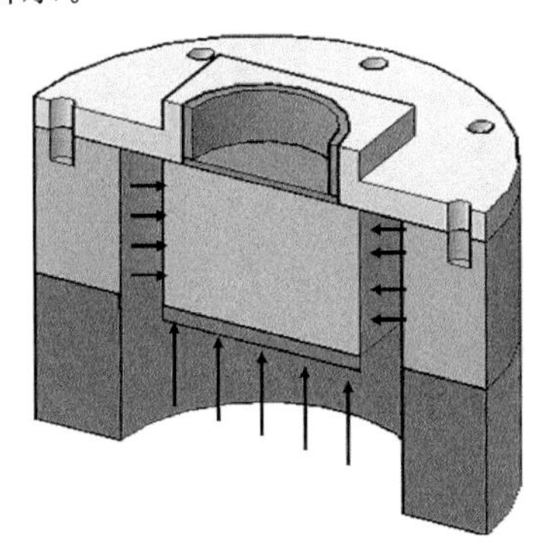

图 2-2　煤与瓦斯突出试验装置结构示意图

2.1.3 三维应力加载与数据采集系统

三维应力加载系统分为轴向压力加载系统和侧向压力加载系统两部分。其中,轴向压力加载系统采用液压固体加载,通过球形底座实现均匀加载;侧向压力加载系统采用液压加载方式进行加载,同样实现了侧部压力的均匀加载。数据采集系统采用西安安森智能仪器股份有限公司生产的 ACD-2C 型存储式数字压力表,该压力表可对压力进行实时监测和自动存储,测量范围可达 0～25 MPa,能保证试验在高压下完成。

2.1.4 瓦斯吸附与数据采集系统

瓦斯吸附系统用来让试验煤体进行瓦斯(纯度为 99.99%的甲烷)吸附,可以模拟不同的孔隙压力。瓦斯吸附系统与数据采集系统相连,数据采集系统采用西安安森智能仪器股份有限公司生产的 ACD-2C 型存储式数字压力表,可对煤体瓦斯的吸附压力和在模拟煤与瓦斯突出过程中的瓦斯解吸压力进行实时监测与自动存储。

2.1.5 声发射监测与分析系统

2.1.5.1 声发射监测与分析系统概述

声发射监测与分析系统采用美国物理声学公司生产的 PCI-2 型声发射测试系统,该系统可对煤与瓦斯突出孕育、发生、发展、停止全过程进行实时声发射监测,主要由主机、显示器、放大器和探头等组成。声发射监测与分析系统图如图 2-3 所示。

图 2-3 声发射监测与分析系统图

声发射监测与分析系统可以实现声波信号的空间定位、数据采集和波形处理以及确定发生事件的时间顺序，还可以对试验过程中发生的声发射事件数、振铃计数、能量、能率、振幅、上升时间和持续时间等主要参数进行研究，通过分析来反演煤与瓦斯突出过程中含瓦斯煤体的变形破坏过程。

2.1.5.2　声发射定位探头的布置方式

为了监测含瓦斯煤体从微观裂纹扩展、破裂失稳到变形破坏，直至完成突出的演化过程，并减小含瓦斯煤体在受三维应力作用的过程中由于变形而引起的声发射定位计算误差，提高声发射监测试验精度，试验前对声发射传感器探头 4 通道布置方案进行比较分析，最终选择最优方案进行监测。声发射传感器探头布置方案如图 2-4 所示。

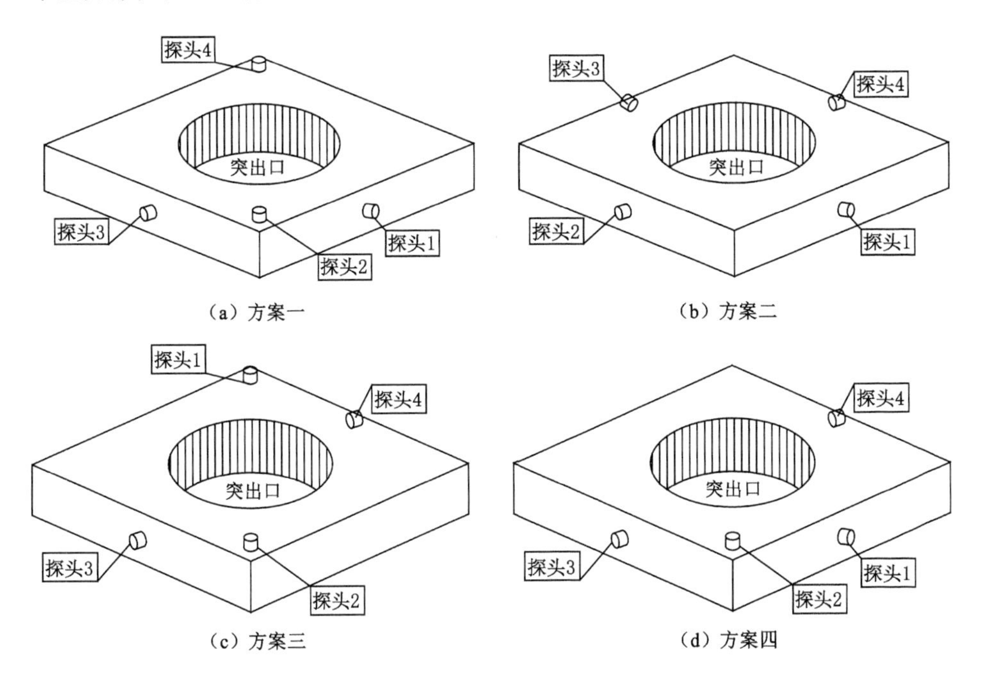

图 2-4　声发射传感器探头布置方案图

图 2-5 为相同加载条件下不同方案抽取的相同时刻声发射事件立体定位效果图。笔者结合三角形定位声源原理对图 2-5 进行分析，对各方案的布置方式和特点分别叙述如下：

方案一：三维立体式布置。该布置方式的探头构成了三维立体式，能够监测到 X、Y、Z 三个方向的声发射事件，且探头 1、2、3 和探头 1、3、4 均构成了空间状态下两个不同的等腰三角形。当试验试件内的声源有波传出来后，根据三角形定位声源的原理，中轴线上的距离是相等的，因而提高了声发射源的定位精确

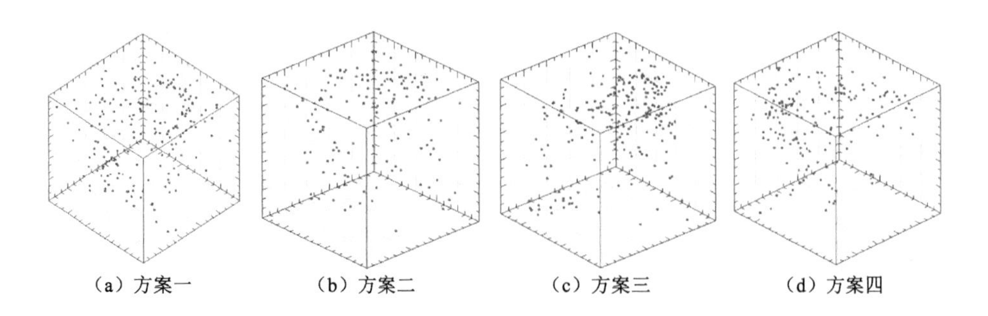

图 2-5 相同加载条件下不同方案抽取的相同时刻声发射事件立体定位效果图

度，并实现了空间上的定位，同时避免了同一时刻产生声发射信号时相互干扰的现象。由图 2-5(a)可以看出，声发射事件分布比较均匀，监测效果明显。

方案二：平面式布置。该布置方式的 4 个探头均位于同一平面上，探头之间两两相互对应，任意 3 个探头之间皆可构成一个等腰三角形。当试验试件内声源有波传出来后，根据三角形定位声源的原理，位于中轴线上的事件与探头的距离是相等的，提高了声发射源的定位精确度，中轴线附近的声发射及信号均能得到准确的监测，有利于更好地研究试件的声发射变化；但由于所有探头均位于同一平面内，同一时刻在空间立体中产生的声发射信号在接收时易产生干扰。由图 2-5(b)可以看出，声发射事件分布相对比较均匀，局部区域效果较差。

方案三：二维对称式布置。该布置方式的 4 个探头两两位于同一平面上，两两相互对应，各探头之间形成了一个普通三角形。当试验试件内声源有波传出来后，根据三角形定位声源的原理，声源与探头之间距离均不相等，易产生时间误差，有声波的衰减现象，因而不能较准确地进行声发射源的定位与监测，然而由于探头在空间位置上的不同，减少了声发射信号在接收时产生干扰的现象。由图 2-5(c)可以看出，声发射事件分布不太均匀，在远离探头位置处出现局部监测不到的区域。

方案四：三维交错式布置。与方案一相比，该方案对探头 4 的位置进行了调整，虽然能够监测到 X、Y、Z 三个方向的声发射事件，然而由于探头 4 位置的变化导致 4 个探头的布置比较密集，降低了远离探头位置处声发射源的精度，而易接收到离探头较近位置的声发射信号，产生了时间误差，有声波的衰减性，导致声发射源的定位精度降低。由图 2-5(d)可以看出，声发射事件分布不均，在探头布置密集处声发射事件比较集中，在远离探头布置处声发射事件比较疏散，甚至出现监测不到声发射事件的区域。

综上所述，通过对试件加载过程中声发射定位原理和声发射事件监测效果分析可以看出，方案一的布置方式既符合三角形定位声源的原理，减少了声发射定位计算误差，提高了声发射监测试验精度，又实现了三维立体定位，试验效果明显。因此，本书确定采用如图 2-4(a)所示的方案一，即三维立体式布置方式。

2.2　物理模拟试验方案

2.2.1　煤样试件的制备

试验所用煤样均取自阳泉煤业(集团)有限责任公司某矿 15203 掘进工作面，该掘进工作面煤层具有突出危险性。经现场采集取回煤样后，利用破碎机对煤样进行破碎、振动筛筛选，之后将粒径大于 2 mm 的煤粉筛除；将剩余的煤粉按照(粒径 0～0.125 mm)：(粒径 0.125～0.25 mm)：(粒径 0.25～0.5 mm)：(粒径 0.5～1 mm)：(粒径 1～2 mm)＝1：1：2：3：2 的比例进行配比并搅拌均匀，根据原煤水分的要求，加入 3%的水，在不添加任何胶凝剂的情况下，将配比好的含水煤粉置于尺寸为 100 mm×100 mm×180 mm 的型煤模具中，利用压力机施加 25 MPa 的压力并反复多次进行压制，直至煤样试件达到 100 mm×100 mm×100 mm的成型标准并保持恒定压力 25 MPa 至少 1 h 不变；之后，在型煤成型设备中保持 90 ℃、25 MPa 高温、高压恒定不变至少 6 h 成型备用。型煤成型设备如图 2-6 所示，试验煤粉及煤样试件分别如图 2-7 和图 2-8 所示。

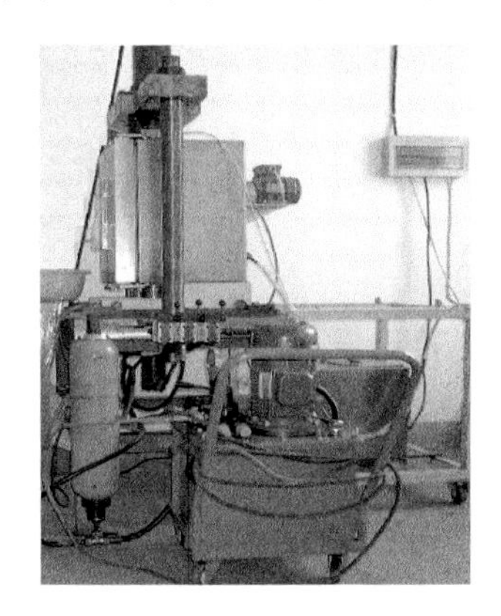

图 2-6　型煤成型设备

图 2-7　试验煤粉

图 2-8　煤样试件

2.2.2 试验方案

2.2.2.1 瓦斯压力的确定

《防治煤与瓦斯突出细则》中规定:“煤层瓦斯压力达到或超过 0.74 MPa 时即具有突出危险性”,而在井工煤矿的实际生产过程中,大量煤与瓦斯突出事故发生时其瓦斯压力往往低于规定中的瓦斯压力值,根据以上规定和实际情况并结合试验矿区煤层瓦斯压力的调研和测试,本次选取了 0.65 MPa、0.70 MPa 和 0.75 MPa 三种初始瓦斯压力进行三维应力作用下煤与瓦斯突出物理模拟试验研究。

2.2.2.2 突出口自由弱面相似材料破坏强度的确定

根据煤与瓦斯突出模拟试验装置要求,选用材质均匀、密封性较强、不同厚度的亚克力板作为突出口自由弱面相似材料进行模拟。在煤与瓦斯突出模拟试验装置的腔体内装满颗粒均匀的细沙并压实,之后进行三维应力加载,每种厚度亚克力板至少测试 3 次,直至突出口亚克力板破坏为止,此时所受的三维应力即为突出口相似材料的破坏强度。最终取平均值作为突出口自由弱面相似材料的破坏强度。通过测试和结果分析,本次选取了突出口自由弱面模拟强度为 18 MPa、20 MPa、22 MPa 和 24 MPa 的四种突出口模拟材料进行三维应力作用下煤与瓦斯突出物理模拟试验研究。

2.2.2.3 试验方案的确定

通过上述试验条件的设定和煤样试件的制作,笔者进行了相同煤体强度、不同初始瓦斯压力、不同突出口煤岩体模拟强度的含瓦斯煤体在完全封闭状态下受三维应力加载的作用而完成煤与瓦斯突出的物理模拟试验,各试验参数见表 2-1。

表 2-1　煤与瓦斯突出试验方案设计表

试验序号	初始瓦斯压力/MPa	突出口自由弱面模拟强度/MPa	相对瓦斯含量/(m^3/t)	试件质量/g
S1	0.65	18	12.27	1 149.76
S2	0.65	20	12.06	1 142.27
S3	0.65	22	12.75	1 157.48
S4	0.65	24	12.66	1 152.58
S5	0.70	18	12.49	1 148.28

表 2-1(续)

试验序号	初始瓦斯压力/MPa	突出口自由弱面模拟强度/MPa	相对瓦斯含量/(m^3/t)	试件质量/g
S6	0.70	20	12.30	1 146.64
S7	0.70	22	12.52	1 145.84
S8	0.70	24	12.57	1 143.62
S9	0.75	18	12.79	1 164.71
S10	0.75	20	12.77	1 158.16
S11	0.75	22	12.80	1 174.83
S12	0.75	24	12.81	1 180.73

2.2.3　试验步骤

根据试验条件的设定，笔者确定煤与瓦斯突出物理模拟试验主要试验步骤如下：

(1) 按试件的制作要求进行标准煤样试件的制备，以供试验时使用；

(2) 将已制备好的煤样试件装入突出模拟试验装置内，密封并安装突出模拟试验装置；

(3) 连接三维应力加载与数据采集系统及其他附属装置；

(4) 对煤与瓦斯突出模拟试验装置内煤样试件采用真空泵抽真空并关闭阀门，保证煤样试件处于真空状态；

(5) 连接瓦斯吸附与数据采集系统，之后打开阀门并让煤样试件吸附浓度为 99.99%的 CH_4 气体，待煤样试件吸附瓦斯压力达到试验设定的瓦斯压力值并至少保持 24 h 恒定不变后，关闭阀门，停止瓦斯吸附，并计算该状态下的煤体相对瓦斯含量；

(6) 通过三维应力加载系统对试验煤样试件进行三维应力加载，并通过数据采集系统实时采集试验数据，直至试验完成；

(7) 收集所得试验数据并对其进行整理，结束后即可进入下一轮模拟试验。

笔者根据试验步骤制订了试验方案流程，如图 2-9 所示。

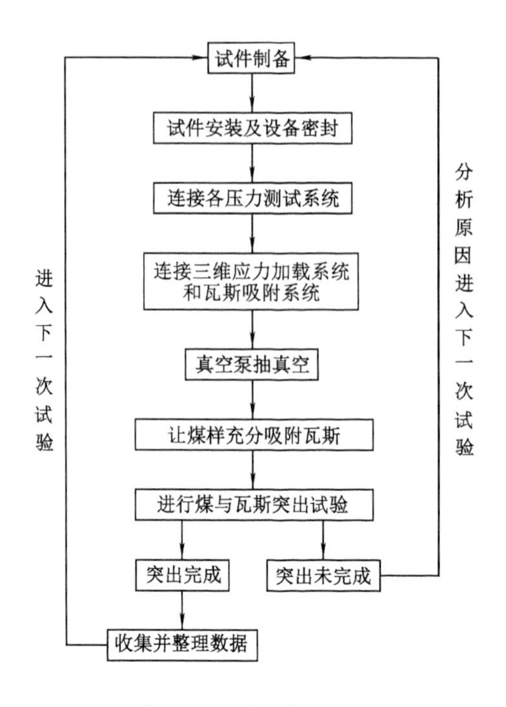

图 2-9　试验方案流程图

2.3　物理模拟试验结果

2.3.1　试验原理简介

本次研究基于煤与瓦斯突出是地应力、瓦斯压力和煤体物理力学特性三方面综合作用的结果进行了物理试验模拟。其中，地应力和瓦斯压力是造成煤与瓦斯突出的动力源，而煤体物理力学特性则是阻碍煤与瓦斯突出的阻力源，当动力大于阻力时即可诱发煤与瓦斯突出。基于上述原因，结合试验系统的设置与现场实际情况，试验反演了不同初始瓦斯压力、不同突出口煤岩体模拟强度条件下，含瓦斯煤体受逐步加载的三维应力作用而主动破坏突出口煤岩体时完成煤与瓦斯突出的全过程。

本次研究主要利用自主研制的"三维应力作用下煤与瓦斯突出模拟试验系统"对含瓦斯煤体在三维应力加载作用下煤与瓦斯主动突出的过程进行了物理试验模拟，目的是再现与还原煤与瓦斯突出孕育、发生、发展和终止的全过程，并对试验结果进行分析与研究。

2.3.2　试验结果统计

根据模型设计和试验条件的设定，试验模拟了含瓦斯煤体在三维应力加载作用下煤与瓦斯突出孕育、发生、发展和终止的全过程。为了尽量减少加载过程对含瓦斯煤体破坏程度的影响，提高试验效果，试验利用已经设定好的轴向压力和侧向压力为一个加载组合对煤体进行加载，轴向压力和侧向压力的加载梯度均为 2 MPa；加载过程中同时结合声发射监测系统对声发射进行监测，待加载过程中声发射事件发生基本平稳之后，若还未发生煤与瓦斯突出则继续进行下一次加载；根据试验统计，时间间隔约为 1 min，直至煤与瓦斯突出试验完成为止。同时，试验过程中，可通过数字压力表对加载过程中的数据进行实时监测与记录，这保证了试验的顺利进行与数据的收集，再现了三维应力加载作用下煤与瓦斯突出的全过程。

根据煤与瓦斯突出模拟试验的设计，本次研究利用体积应力对含瓦斯煤体所受应力进行分析，体积应力表达式为：

$$\Theta = \sigma_1 + \sigma_2 + \sigma_3 \tag{2-1}$$

式中　Θ——含瓦斯煤体所受体积应力，MPa；

σ_1——轴向应力，MPa；

σ_2，σ_3——侧向应力，MPa。

在本试验中，$\sigma_2 = \sigma_3$。则式(2-1)可简化为：

$$\Theta = \sigma_1 + 2\sigma_2 \tag{2-2}$$

综上所述，试验以平均为 6 MPa/min 的体积应力加载梯度对含瓦斯煤体进行加载，直至完成煤与瓦斯突出，得出了三维应力加载作用下煤与瓦斯突出完成时所需的体积应力，结果见表 2-2。

表 2-2　煤与瓦斯突出物理模拟试验结果统计表

试验序号	煤体初始瓦斯压力/MPa	突出口自由弱面模拟强度/MPa	突出完成时煤体所受实测体积应力/MPa
S1	0.65	18	46
S2	0.65	20	50
S3	0.65	22	56
S4	0.65	24	65
S5	0.70	18	44
S6	0.70	20	49

表 2-2(续)

试验序号	煤体初始瓦斯压力/MPa	突出口自由弱面模拟强度/MPa	突出完成时煤体所受实测体积应力/MPa
S7	0.70	22	54
S8	0.70	24	62
S9	0.75	18	42
S10	0.75	20	46
S11	0.75	22	51
S12	0.75	24	56

由表 2-2 可以看出:在相同煤体初始瓦斯压力条件下,随着突出口自由弱面模拟强度的增加,煤与瓦斯突出难度增加;在相同突出口自由弱面模拟强度条件下,随着煤体初始瓦斯压力的增加,煤与瓦斯突出难度逐渐减小;在相同体积应力条件下,突出口自由弱面模拟强度越大,若要完成突出,则所需煤体初始瓦斯压力越大。

2.4 本章小结

(1) 笔者自主研制了一套“三维应力作用下煤与瓦斯突出模拟试验系统”,该系统主要由煤与瓦斯突出试验装置、三维应力加载与数据采集系统、瓦斯吸附与数据采集系统及附属装置和声发射监测与分析系统构成。

(2) 笔者利用“三维应力作用下煤与瓦斯突出模拟试验系统”反演了含瓦斯煤体在完全封闭状态下受三维应力与孔隙压力作用而完成煤与瓦斯突出孕育、发生、发展和终止的全过程;该系统实现了单向最大加载压力 30 MPa 条件下各系统的密封性和可靠性及各监测系统的稳定性;该系统实现了含瓦斯煤体三维轴向压力和侧向压力的均匀受力,并通过压力数据采集系统可实时记录试验过程中各压力的变化情况。

(3) 笔者利用该系统在实验室内进行了物理模拟试验,并得出了试验结果:在相同煤体初始瓦斯压力条件下,随着突出口自由弱面模拟强度的增加,煤与瓦斯突出难度增加;在相同突出口自由弱面模拟强度条件下,随着煤体初始瓦斯压力的增加,煤与瓦斯突出难度逐渐减小;在相同体积应力条件下,突出口自由弱面模拟强度越大,若要完成突出,则所需煤体初始瓦斯压力越大。

第 3 章　煤与瓦斯突出变形失稳破坏过程分析

煤与瓦斯突出是一种危害性极大的动力灾害，是一个能量不断积聚、转化与释放的动力学过程，同时也是一个短暂的动力学过程[3,173-174]，其动力学过程图如图 3-1 所示。煤与瓦斯突出的动力学过程，即煤与瓦斯突出孕育、发生、发展和停止的过程。

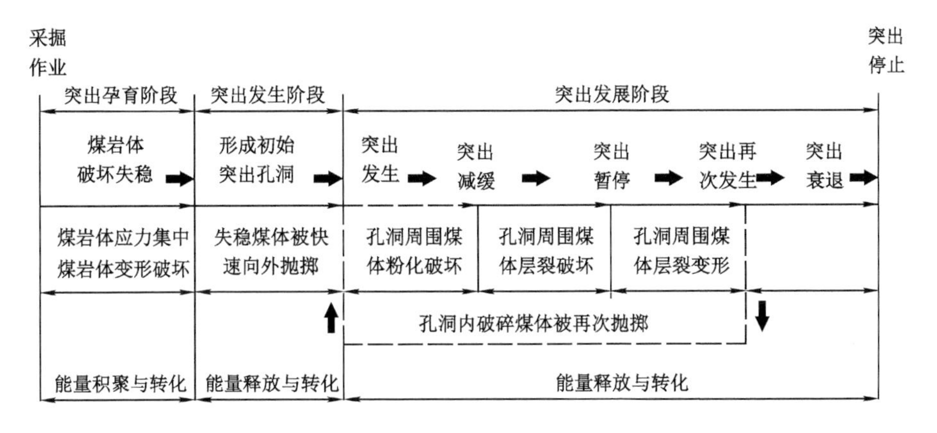

图 3-1　煤与瓦斯突出动力学过程图

(1) 煤与瓦斯突出孕育阶段。煤与瓦斯突出孕育阶段即含瓦斯煤体能量的积聚过程。受采掘活动的影响，工作面前方煤岩体应力重新分布，煤岩体中能量积聚、瓦斯膨胀促使煤岩体破坏而失稳，该阶段主要是煤岩体由受原岩应力状态逐步过渡到应力集中并打破原有平衡状态煤岩体产生动力学效应，直至发展到极限平衡状态。此过程是一个能量积聚和转化的过程，是煤与瓦斯突出发生的酝酿时期。

(2) 煤与瓦斯突出发生阶段。煤与瓦斯突出发生阶段即煤岩体内积聚的各种能量突然将极限平衡状态打破，诱发煤与瓦斯突出的过程。该阶段主要表现为工作面前方煤体突然破坏，煤体失稳，最终导致煤与瓦斯喷出。此过程是一个能量释放与转化的过程，包括煤岩体中积聚的重力势能、弹性势能和瓦斯膨胀能等能量的释放，或转化成为破碎煤体时所做的破碎功、抛掷破碎煤体所做的移动功及其他形式的能量耗散等，其主要标志是煤岩体出现破坏失稳现象，并开始向外抛出煤体或喷出瓦斯。

(3) 煤与瓦斯突出发展阶段。煤与瓦斯突出发生后，积聚于煤体的能量进一步释放或转化，进而促使煤与瓦斯突出持续发展，直至煤体破碎的速度和程度逐渐下降，主要标志是煤岩体持续破坏失稳、大量煤岩体抛出、瓦斯喷出。

(4) 煤与瓦斯突出停止阶段。当积聚的能量不足以破坏煤体结构时则开始出现衰退现象，最终能量的释放与耗散使能量达到新的动态平衡状态，从而进入煤与瓦斯突出停止状态。

3.1 瓦斯压力对煤与瓦斯突出的关键作用分析

3.1.1 瓦斯压力随体积应力的变化关系

三维应力与孔隙压力作用下煤与瓦斯主动式突出实验室物理模拟试验研究结果表明，在含瓦斯煤体完全封闭的条件下，随着含瓦斯煤体所受体积应力的不断增加，煤体裂隙持续增加、煤体所吸附的瓦斯不断解吸、煤体内部瓦斯压力逐渐增大，如图 3-2 所示。

图 3-2(a)、(b)、(c)分别是含瓦斯煤体的初始瓦斯压力为 0.65 MPa、0.70 MPa和 0.75 MPa，在完全封闭、不同突出口自由弱面模拟强度下，采用三维应力加载方式进行逐步加载直至完成煤与瓦斯突出过程中瓦斯压力随体积应力变化的曲线图。分析图 3-2 可知，含瓦斯煤体在完全封闭的条件下，随着体积应力的不断增大开始变形，煤体原始状态受到破坏，变形程度加大，孔隙、裂隙增大，透气性增加，游离态瓦斯在应力作用下通过煤体孔隙、裂隙开始向压力较低方向运移；随着煤体内原有游离态瓦斯的运移，导致煤体内贮存的空间瓦斯压力有所增大，进而打破了瓦斯在煤体内原有的平衡状态，部分吸附态瓦斯解吸为游离态瓦斯，随着煤体所受体积应力的增加，吸附态瓦斯不断解吸，游离态瓦斯补充增加，煤体内瓦斯动平衡破坏范围不断扩大，同时，以初期解吸速率较大、后期解吸速率逐渐变缓的趋势转化，随着时间的推移和应力的增大，瓦斯逐渐持续不断地从煤体中释放并转化为游离态瓦斯，煤体内部瓦斯压力逐渐增大，孔隙压力增大，并随着裂隙通道向压力较低的暴露面方向，即突出口自由弱面处渗透、运移，主要表现为试验过程中突出口自由弱面在瓦斯压力和体积应力的综合作用下不断向外鼓起，直至瓦斯压力和体积应力共同作用破坏突出口自由弱面时诱发煤与瓦斯突出。

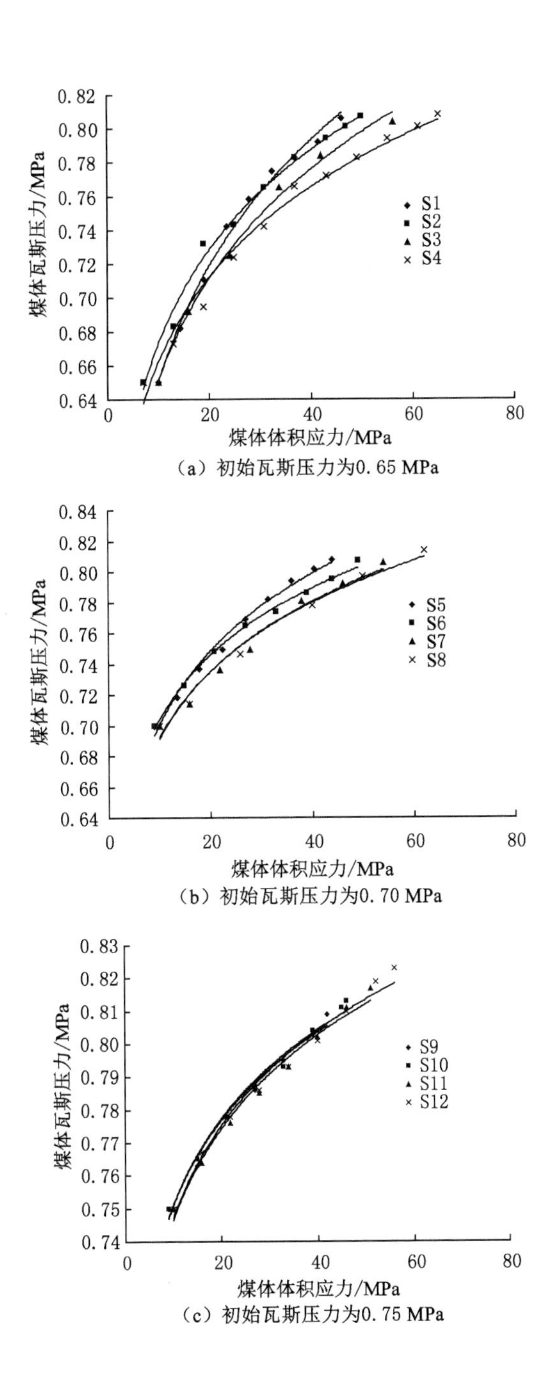

（a）初始瓦斯压力为0.65 MPa

（b）初始瓦斯压力为0.70 MPa

（c）初始瓦斯压力为0.75 MPa

图 3-2　煤体瓦斯压力与体积应力关系曲线

采用最小二乘法对含瓦斯煤体瓦斯压力随其所受体积应力进行回归分析，得出完全封闭状态下含瓦斯煤体瓦斯压力与体积应力关系表达式如下：

$$p = k\Theta^n \tag{3-1}$$

式中 p——煤体内部瓦斯压力，MPa；

k,n——常数。

根据式(3-1)对试验数据进行拟合，其拟合结果与相关系数见表3-1。

表3-1 煤体瓦斯压力与体积应力拟合关系表

试验编号	初始瓦斯压力/MPa	突出口自由弱面模拟强度/MPa	拟合结果	相关系数R^2
S1	0.65	18	$p=0.4680\Theta^{0.1430}$	0.9937
S2	0.65	20	$p=0.5186\Theta^{0.1132}$	0.9907
S3	0.65	22	$p=0.4869\Theta^{0.1263}$	0.9962
S4	0.65	24	$p=0.5203\Theta^{0.1046}$	0.9819
S5	0.70	18	$p=0.5633\Theta^{0.0947}$	0.9877
S6	0.70	20	$p=0.5823\Theta^{0.0824}$	0.9959
S7	0.70	22	$p=0.5649\Theta^{0.0877}$	0.9744
S8	0.70	24	$p=0.5686\Theta^{0.0856}$	0.9834
S9	0.75	18	$p=0.6710\Theta^{0.0489}$	0.9866
S10	0.75	20	$p=0.6705\Theta^{0.0494}$	0.9882
S11	0.75	22	$p=0.6617\Theta^{0.0524}$	0.9852
S12	0.75	24	$p=0.6616\Theta^{0.0529}$	0.9836

分析表3-1可知：① 在煤与瓦斯突出物理模拟试验整个过程中，含瓦斯煤体在完全封闭的状态下，煤体内部瓦斯压力与其所受体积应力关系吻合较好，拟合程度较高，相关系数达0.9744以上。② 即使含瓦斯煤体在初始瓦斯压力、突出口自由弱面煤岩体强度不同的情况下，煤与瓦斯突出在其整个孕育、发生、发展到终止的过程中，煤体内部瓦斯压力与其所受体积应力仍呈较高相关系数的非线性幂函数增长关系。③ 煤与瓦斯突出孕育、发生、发展到终止的过程中煤体内部瓦斯压力随其所受体积应力的增大呈稳定增长趋势。

综合分析图3-2和表3-1的试验结果还可以发现，当含瓦斯煤体初始瓦斯压力较小时，在一定条件下，含瓦斯煤体在三维应力作用下也会有较多的吸附态瓦斯解吸，并以较大速率转化为游离态瓦斯，随着体积应力的增加，游离态瓦斯在孔隙等通道中不断向压力较低的暴露面方向运移，煤体内部瓦斯压力不断上升，孔隙压力增大，最终在综合作用下破坏突出口自由弱面而诱发煤与瓦斯突出。此现象恰恰说明了在具有煤与瓦斯突出危险性的矿井中，即使煤体瓦斯压力较小，也有可能会发生煤与瓦斯突出事故。

综上所述，当突出口煤岩体透气性较差，即突出口附近煤岩体致密性较好、渗透性较差时，瓦斯则不易继续向气体压力较低的区域渗流或扩散，而是在工作面前方形成较大的瓦斯压力区或者在突出口附近形成积聚的“瓦斯包”，较难形成瓦斯流动和释放区域。此时，在煤与瓦斯突出过程中由于受地应力的作用和瓦斯解吸的作用，突出口附近瓦斯压力持续升高，主要表现为煤体内部瓦斯压力明显大于突出口处外界气体压力，瓦斯压力与瓦斯膨胀能共同作用促使突出口处煤岩体破坏而诱发煤与瓦斯突出，此时地应力的作用主要体现在对煤体进行压密、促进更多的瓦斯解吸，并为瓦斯积聚提供更多的弹性能等方面。当突出口处煤岩体透气性较好，即突出口处煤岩体具有很好的渗透性或扩散性时，煤体内的瓦斯放散速度较快，煤体内解吸的瓦斯很容易通过突出口自由弱面将煤体内部瓦斯扩散或渗流到采掘空间，不易在煤体内部形成瓦斯聚集区域，而是形成了一定的瓦斯流动卸压区。由于采掘活动引起的地应力的变化，上部煤体形成了集中的剪切应力，促使煤体破坏，而此时瓦斯压力变化较小，不能形成瓦斯压力的增高区，因此含瓦斯煤体主要是在地应力的作用下变形与破坏，不能形成瓦斯膨胀能诱发煤体的喷出。在该种情况下，如果没有足够的瓦斯压力和瓦斯膨胀能或地应力的作用促使大量煤体破碎，则仅表现为煤壁处少量煤体倾出或挤出，不能诱发的高强度煤与瓦斯突出。

3.1.2　瓦斯压力对煤与瓦斯突出的作用分析

以含瓦斯煤体初始瓦斯压力分别为 0.65 MPa、0.70 MPa 和 0.75 MPa 进行试验，物理模拟试验研究结果表明，在相同突出口自由弱面模拟强度条件下，随着含瓦斯煤体初始瓦斯压力的增大，煤与瓦斯突出时所需体积应力在不断减小，如图 3-3 所示。

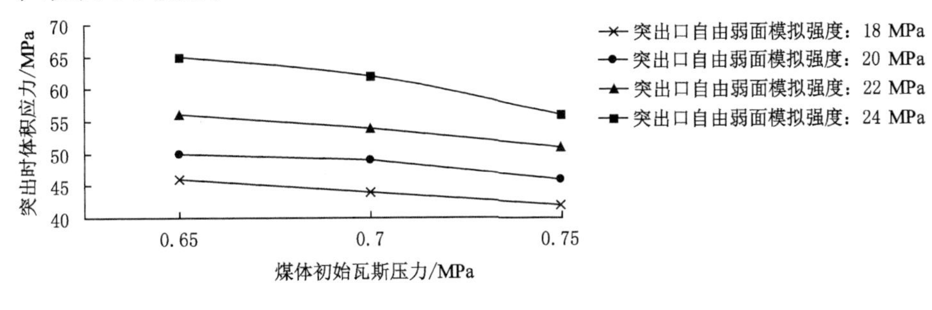

图 3-3　瓦斯压力与体积应力对应关系图

物理模拟试验结果还表明:相同突出口自由弱面模拟强度条件下,若含瓦斯煤体所受体积应力也相同,则初始瓦斯压力较大的含瓦斯煤体容易诱发煤与瓦斯突出,而初始瓦斯压力较小的含瓦斯煤体则不易发生煤与瓦斯突出,如表 3-2 所列。

表 3-2 不同煤体初始瓦斯压力条件下突出试验统计表

煤体初始瓦斯压力/MPa	突出口自由弱面模拟强度/MPa	煤体所受体积应力/MPa	突出情况
0.65	18	42	不突出
0.70	18	42	不突出
0.75	18	42	突出
0.65	20	46	不突出
0.70	20	46	不突出
0.75	20	46	突出
0.65	22	51	不突出
0.70	22	51	不突出
0.75	22	51	突出
0.65	24	56	不突出
0.70	24	56	不突出
0.75	24	56	突出

综上所述,当含瓦斯煤体物理力学特性与其所受应力相同时,含瓦斯煤体初始瓦斯压力越大越容易发生煤与瓦斯突出,反之,则不易诱发煤与瓦斯突出。当煤层初始瓦斯压力较小时,若煤层赋存较深,相当于增大了其所受应力,也容易诱发煤与瓦斯突出;当煤层初始瓦斯压力较大时,意味着煤与瓦斯突出时所需动力源增大,也促进了煤与瓦斯突出的发生。

3.2 体积应力对煤与瓦斯突出的关键作用分析

煤与瓦斯突出是由地应力、瓦斯压力共同作用破坏煤岩体的过程。不论是吸附态瓦斯,还是游离态瓦斯都参与了煤与瓦斯突出的发生过程,促进了煤与瓦斯突出。此外,地应力也是影响煤与瓦斯突出的重要因素,地应力对突出的作用主要体现在垂直地应力和水平地应力两个方面,含瓦斯煤体始终处于一个复杂的三维应力状态下。根据试验条件,本试验通过体积应力的变化规律和煤与瓦斯突出过程来分析地应力在煤与瓦斯突出过程中的作用。

考虑上覆岩层重量，煤层所受应力计算公式如下：

$$\sigma_v = \gamma H \times 10^{-3} \tag{3-2}$$

$$\sigma_h = \frac{\nu}{1-\nu}\gamma H \times 10^{-3} \tag{3-3}$$

式中 σ_v——垂直应力，MPa；

σ_h——水平应力，MPa；

γ——上覆岩层容重，kN/m^3；

H——煤层埋藏深度，m；

ν——上覆岩层泊松比。

全世界绝大多数地区均存在两个水平主应力，即最大水平主应力和最小水平主应力，本试验取二者的平均值进行研究，其表达式为：

$$\sigma_{h,av} = \frac{\sigma_{h,max} + \sigma_{h,min}}{2} \tag{3-4}$$

式中 $\sigma_{h,av}$——平均水平应力，MPa；

$\sigma_{h,max}$——最大水平主应力，MPa；

$\sigma_{h,min}$——最小水平主应力，MPa。

试验模拟了含瓦斯煤体初始瓦斯压力为 0.65 MPa、0.70 MPa、0.75 MPa 和突出口自由弱面煤岩体强度为 18 MPa、20 MPa、22 MPa、24 MPa 的条件下，煤与瓦斯突出时的临界体积应力值，煤体在体积应力作用下变形破坏，表 3-3 为不同模拟条件下煤与瓦斯突出所受地应力和埋藏深度对照表；图 3-4 为不同初始瓦斯压力条件下，突出完成时含瓦斯煤体所受体积应力与突出口自由弱面模拟强度曲线图。

表 3-3 煤与瓦斯突出所受地应力与埋藏深度对照表

试验序号	初始瓦斯压力/MPa	突出口自由弱面煤岩体强度/MPa	突出时体积应力/MPa	垂直地应力/MPa	平均水平地应力/MPa	埋藏深度/m
S1	0.65	18	46	14	16	519
S2	0.65	20	50	16	17	593
S3	0.65	22	56	18	19	667
S4	0.65	24	65	19	23	704
S5	0.70	18	44	12	16	444
S6	0.70	20	49	15	17	556
S7	0.70	22	54	16	19	593

表 3-3(续)

试验序号	初始瓦斯压力/MPa	突出口自由弱面煤岩体强度/MPa	突出时体积应力/MPa	垂直地应力/MPa	平均水平地应力/MPa	埋藏深度/m
S8	0.70	24	62	18	22	667
S9	0.75	18	42	12	15	444
S10	0.75	20	46	14	16	519
S11	0.75	22	51	15	18	556
S12	0.75	24	56	16	20	593

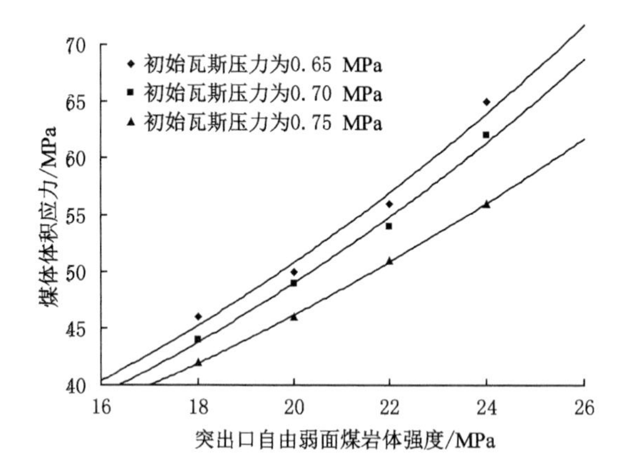

图 3-4 煤体体积应力与突出口自由弱面煤岩体强度曲线图

结合表 3-3 和图 3-4 可以看出,在相同初始瓦斯压力条件下,发生煤与瓦斯突出时煤体所需体积应力与突出口自由弱面煤岩体强度呈非线性增长关系,如要发生煤与瓦斯突出,突出口自由弱面煤岩体强度越大则其所需应力越大,突出难度系数增加;反之,在相同突出口自由弱面煤岩体强度条件下,煤体初始瓦斯压力越小则所需应力越大。而煤体所受应力与其埋藏深度存在直接关系,埋藏深度越深地应力越大,反之亦然。可见,煤与瓦斯突出与煤体所受地应力、突出口自由弱面煤岩体强度和煤体瓦斯压力有必然的联系。

对试验结果进行统计,采用最小二乘法进行回归分析,得出含瓦斯煤体在三维应力作用下煤体所受体积应力与突出口自由弱面煤岩体强度关系判断方程,即:

$$\Theta = a\exp(b\sigma_{\mathrm{T}}) \tag{3-5}$$

式中 a,b——常数;

σ_T ——突出口自由弱面煤岩体强度，MPa。

通过拟合，得出拟合结果与相关系数见表 3-4。

表 3-4　煤体所受体积应力与突出口自由弱面煤岩体强度关系表

序号	煤体初始瓦斯压力/MPa	拟合结果	相关系数 R^2
1	0.65	$\Theta=16.071\exp(0.0575\sigma_T)$	0.984 0
2	0.70	$\Theta=15.891\exp(0.0563\sigma_T)$	0.994 3
3	0.75	$\Theta=17.572\exp(0.0483\sigma_T)$	0.999 5

分析图 3-4 和表 3-4 可知，含瓦斯煤体在三维应力作用下，其所受体积应力与突出口自由弱面煤岩体强度关系拟合效果较好，相关系数 R^2 可达 0.984 0 以上，说明曲线拟合程度较高，吻合较好。

结合实际生产过程中煤与瓦斯突出现象和试验过程可以发现，即使含瓦斯煤体内部初始瓦斯压力和埋藏深度较大，如果含瓦斯煤体所受综合应力不发生改变，一般也不会诱发煤与瓦斯突出。突出的主要原因是人为的采掘活动导致煤体所受应力重新分布，应力的不断变化使煤体始终处于不断变化的采动应力影响范围内，正如不断改变的加载压力一样，促使含瓦斯煤体变形破坏、内部瓦斯压力变化，最终诱发煤与瓦斯突出。换句话说，煤与瓦斯突出主要是由于在具有突出危险性的矿井中，人为的采掘活动促使含瓦斯煤体所受应力发生变化并重新分布，含瓦斯煤体在不断变化的综合应力作用下变形破坏、内部瓦斯压力不断增大、游离态瓦斯向外扩散，当含瓦斯煤体内部瓦斯不能以正常速度释放出去时，就会在综合应力作用下破坏突出口而诱发煤与瓦斯突出。

3.3　突出口自由弱面煤岩体强度对煤与瓦斯突出的关键作用分析

根据试验设计，笔者选取了突出口自由弱面煤岩体相似材料强度为 18 MPa、20 MPa、22 MPa 和 24 MPa 分别进行研究，煤与瓦斯突出模拟试验装置腔体内采用相同强度的煤体进行模拟。

研究发现，在含瓦斯煤体初始瓦斯压力相同的条件下，突出口自由弱面煤岩体强度越大，完成煤与瓦斯突出时所需的体积应力越大，突出难度系数越大；反之亦然。分析其原因可知，随着突出口自由弱面煤岩体强度的增大，使其破坏所需的动力也增大，即需要在综合应力的作用下积聚更多的能量才能破坏煤体，当含瓦斯煤体所受应力与瓦斯压力足以破坏突出口自由弱面煤岩体时就会诱发煤与瓦斯突出。可见,含瓦斯煤体在地应力和瓦斯压力等外部动力的共同作用下不断使煤体变形、破坏,直至突出口自由弱面煤岩体不能承受其综合作用时即会诱发煤与瓦斯突出。

综上所述,煤与瓦斯的突出不仅受瓦斯压力和地应力的影响,还与突出口自由弱面煤岩体强度相关。这是因为在煤与瓦斯突出孕育、发生、发展和终止的全过程中,含瓦斯煤体在地应力的作用下变形、破坏,瓦斯解吸,瓦斯压力升高,孔隙压力增大,瓦斯开始向气体压力较低的暴露面方向扩散、运移,最终由于突出口自由弱面煤岩体不足以承受其所受的综合应力作用时即会诱发煤与瓦斯突出。

结合井下的实际生产情况可以发现,煤与瓦斯突出主要发生在石门揭煤或向斜轴部附近。石门揭煤附近易发生煤与瓦斯突出主要是由于石门揭煤的过程相当于不断减小突出口自由弱面煤岩体强度,使其最终承受不了综合应力的作用;而煤层向斜轴部易发生煤与瓦斯突出主要是因为向斜轴部是应力集中区,相当于增大了煤体所受体积应力。可见,通过研究突出口自由弱面煤岩体强度与煤体所受地应力和瓦斯压力的综合关系可以进一步预测煤与瓦斯突出。

3.4 煤与瓦斯突出判断准则

笔者通过三维应力与孔隙压力作用下煤与瓦斯主动式突出物理模拟试验,反演了煤与瓦斯突出孕育、发生、发展和终止的全过程,分析了煤与瓦斯突出的综合作用机理。

研究发现,在煤与瓦斯突出过程中,含瓦斯煤体所受地应力是影响突出的主要外在动力,而该地应力主要是由于采掘活动引起的应力重新分布造成的,并非其所承受的原岩应力。含瓦斯煤体在不断变化的地应力作用下内部瓦斯压力升高、孔隙压力增大,并最终在突出口自由弱面煤岩体不足以阻止、抵抗其所承受的综合应力作用时就会诱发煤与瓦斯突出;我们将此时突出口自由弱面煤岩体强度称为抵抗强度,用 σ_{dk} 表示。综合分析试验结果可得出含瓦斯煤体在体积应力与瓦斯压力的综合作用下煤与瓦斯突出的判断准则:当含瓦斯煤体所受体积应力 Θ 大于或等于突出口煤岩体抵抗强度的指数函数 $a\exp(b\sigma_{dk})$ 时,即会诱发煤与瓦斯突出,且含瓦斯煤体内部瓦斯压力 p 与体积应力 Θ 呈幂函数增长关系,即:

$$\begin{cases} \Theta \geqslant a\exp(b\sigma_{dk}) \\ p = k\Theta^{n} \end{cases} \tag{3-6}$$

分析式(3-6)可以发现,突出口自由弱面煤岩体的抵抗强度实为煤与瓦斯突出的阻力源，结合现场煤与瓦斯突出结果可知，煤与瓦斯突出存在一个临界抵抗强度值。当突出口自由弱面煤岩体抵抗强度大于该临界值时则处于安全区域，不容易诱发煤与瓦斯突出，属于突出安全区；小于或等于该临界值时，则处于突出危险区域，容易诱发煤与瓦斯突出，属于突出危险区；当突出口自由弱面煤岩体强度接近该临界值时，则说明已经处于突出的临界状态，需要采取措施进行消突，如图 3-5 所示。

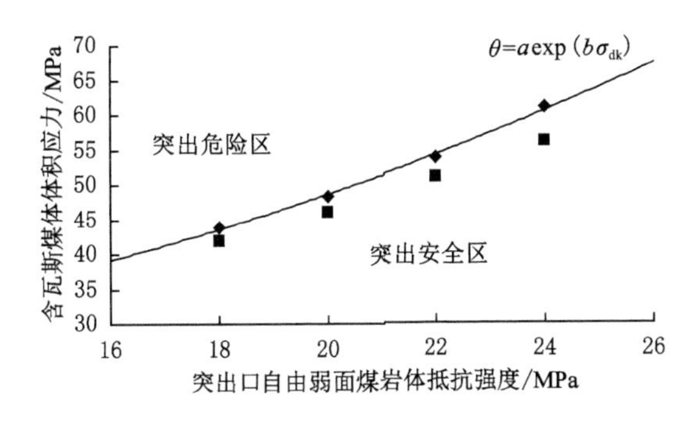

图 3-5　煤体体积应力与抵抗强度关系曲线图

分析图 3-5 可知，当含瓦斯煤体所受综合应力位于曲线下方区域时属于突出安全区，此时一般不会发生煤与瓦斯突出，试验也验证了该准则的可靠性，即当含瓦斯煤体所受体积应力为图 3-5 中的正方形标志(■)位置时，未发生煤与瓦斯突出；而随着含瓦斯煤体所受体积应力的逐渐增加，含瓦斯煤体所受体积应力到达菱形标志(◆)位置时，则诱发了煤与瓦斯突出，进入煤与瓦斯突出危险区，说明应当提前采取措施进行消突，直至降到曲线下方突出安全区为止。

综合分析研究结果可知，煤与瓦斯突出受煤体应力、瓦斯压力和突出口煤岩体抵抗强度综合作用的影响。煤体应力主要来源于地应力、构造应力和支承压力等；瓦斯压力受地应力和瓦斯解吸特性的影响；煤岩体抵抗强度受巷道断面大小、煤岩体物理力学特性和揭煤厚度等因素的影响。可见，煤与瓦斯的突出是一个多因素综合作用的过程，受地应力、瓦斯压力、煤体物理力学性质(尤其是突出口自由弱面煤岩体抵抗强度)等多因素的影响。

3.5　煤与瓦斯突出强度分析

3.5.1　突出强度能量数学模型

煤与瓦斯突出机理中的能量说认为，煤与瓦斯突出是由煤体的变形潜能与瓦斯的内能共同作用而引起的，当煤体的应力状态发生突变时，就会引起煤体高速破坏，并与瓦斯压力共同作用，瓦斯从已破碎的煤体中解吸、运移，进而形成瓦斯流，最终将破碎粉煤与瓦斯抛向巷道。目前，我国主要依据煤与瓦斯突出时抛出的煤岩体数量和瓦斯量来作为判断煤与瓦斯突出强度的主要指标，详见表 3-5。

表 3-5　煤与瓦斯突出强度分类表

突出类型	突出煤量/t	突出后瓦斯情况
特大型突出	≥1 000	经过很长时间才能排放瓦斯
大型突出	500～999	经过几天可以逐步恢复正常
次型突出	100～499	经过 1 天以上可以逐步恢复正常
中型突出	50～99	经过几个小时以上可以逐步恢复正常
小型突出	<50	经过几十分钟可以恢复正常

煤与瓦斯突出发生后存在能量的平衡与质量的守恒，其表达式为：

$$E = E_1 + E_2 \tag{3-7}$$

$$m = \rho_1 V_1 = \rho_2 V_2 \tag{3-8}$$

式中　E——突出过程中所消耗的总能量，J；

E_1——突出过程中生成新表面时所需的表面能，J；

E_2——煤与瓦斯突出过程中转化为其他类型的能量，J；

m——突出煤岩体总质量，t；

ρ_1——抛出前煤岩体平均密度，t/m^3；

V_1——抛出前煤岩体总体积，m^3；

ρ_2——抛出后煤岩体平均密度，t/m^3；

V_2——抛出后煤岩体总体积，m^3。

研究结果表明，煤岩体若要破碎成一定块度则会耗散一定的能量，根据煤岩体破碎前后会增加一定的新表面和破碎单位煤岩体所需一定的破碎比功，可得：

$$E_1 = 6W \sum (\gamma_i \frac{1}{d_i}) V_1 \tag{3-9}$$

式中　W——形成单位新表面需要的能量，J/m^2；

d_i——某煤岩块的尺寸，m；

γ_i——该尺寸煤岩体所占百分比。

在地应力作用下，具有煤与瓦斯突出危险性的煤层中储存有大量的瓦斯膨胀内能，同时，地应力破坏煤体时亦有一部分弹性能转化为热能，根据热力学理论可得：

$$E_2 = 0.4V_2(1.585p_1{}^{0.2} - 1) \tag{3-10}$$

式中　p_1——煤体初始瓦斯压力，MPa。

3.5.2　煤与瓦斯突出强度分析

3.5.2.1　试验结果

试验统计了不同初始瓦斯压力、不同突出口自由弱面煤岩体抵抗强度条件下，在三维应力加载过程中不同孔隙压力下的煤与瓦斯突出，突出后的试验结果见图 3-6 和表 3-6。

（a）煤与瓦斯突出完成后试验现象图

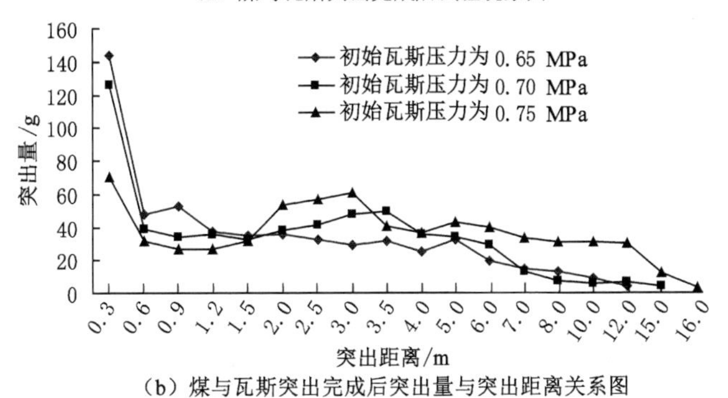

（b）煤与瓦斯突出完成后突出量与突出距离关系图

图 3-6　煤与瓦斯突出试验结果图

表 3-6　煤与瓦斯突出试验结果统计表

试验序号	初始瓦斯压力/MPa	突出口自由弱面煤岩体强度/MPa	试件质量/g	体积应力/MPa	突出煤质量/g	突出距离/m
S1	0.65	18	1 149.76	46	559.34	12.2
S2	0.65	20	1 142.27	50	564.72	12.5

表 3-6(续)

试验序号	初始瓦斯压力/MPa	突出口自由弱面煤岩体强度/MPa	试件质量/g	体积应力/MPa	突出煤质量/g	突出距离/m
S3	0.65	22	1 157.48	56	578.61	12.8
S4	0.65	24	1 152.58	65	593.18	13.4
S5	0.70	18	1 148.28	44	567.04	14.2
S6	0.70	20	1 146.64	49	581.73	15.1
S7	0.70	22	1 145.84	54	655.75	15.2
S8	0.70	24	1 143.62	62	684.32	15.6
S9	0.75	18	1 164.71	42	576.27	14.5
S10	0.75	20	1 158.16	46	594.24	15.6
S11	0.75	22	1 174.83	51	673.45	16.3
S12	0.75	24	1 180.73	56	703.51	16.8

结合图 3-6 和表 3-6 可知，随着含瓦斯煤体初始瓦斯压力、体积应力的增大，煤与瓦斯突出完成时突出强度增大、突出煤粉量增大、煤粉的抛射距离增大。煤与瓦斯突出发生后，突出煤量在突出口前方 3.0～3.5 m 处最为集中，占突出总煤量的 60.6%～86.7%，在大于 3.5 m 的位置则呈逐渐减少的趋势，直至尖灭。这种现象与实际生产过程中煤与瓦斯突出后现象基本一致。现场煤与瓦斯突出后，巷道内突出煤粉量一般堆积于突出口附近，且突出量基本均匀充满巷道，之后呈逐渐递减的趋势，直至尖灭。

3.5.2.2 现场统计结果

试验矿井 15201 掘进工作面曾发生过煤与瓦斯突出事故，经统计，事故发生后突出煤粉喷射距离为 36 m，且由突出口向外 30 m 范围内厚度基本一致，厚度约为 2.3 m，此部分突出煤粉量约占总突出煤粉量的 90%(与试验中最大突出强度时突出煤粉量占总突出煤粉量的 86.7%十分接近)，之后 6 m 范围内堆积煤粉厚度由 2.3 m 逐渐减小到 0 m，并且在堆积煤粉的顶部出现一个约 1 m^2 的孔洞。

3.5.2.3 研究结果分析

分析现场突出结果可知：在实际生产过程中，大部分煤与瓦斯突出都发生在突出强度最大时刻，煤与瓦斯突出量较大、喷射距离较远，与试验结果一致；此外，生产巷道内设施、设备阻止了突出煤粉量的前进从而导致其抛射距离减小，且主要集中于突出口前方不远处，同时，突出煤粉量由于受阻碍物的阻止使其运动方向发生改变而落到巷道内。分析试验研究结果可知：由于巷道内无阻碍物，导致突出煤粉量抛射距离较远；由于煤与瓦斯突出完成时大量高压瓦斯气体的涌出使堆积煤粉的顶部形成孔洞而将突出口处煤粉量向前推移，使得突出口处突出煤粉量减少并铺满巷道，之后逐渐尖灭。

3.6　本章小结

（1）在三维应力加载作用下，含瓦斯煤体开始变形破坏，裂隙增多并开始贯通，原吸附态瓦斯开始解吸并转化为游离态，打破了瓦斯在煤体内原有的平衡状态，并开始随着裂隙通道向气体压力较低的方向运移，煤体内部高压瓦斯不断向气体压力较低处增补、扩散。当煤体内积聚的瓦斯不能以正常速度释放出去时，在综合作用下就诱发了煤与瓦斯突出；当含瓦斯煤体物理力学特性与其所受应力相同时，含瓦斯煤体初始瓦斯压力越大越容易发生煤与瓦斯突出，反之，则不易诱发煤与瓦斯突出。同时，这也说明了瓦斯压力对煤体的破碎和抛射也起了一定的促进作用。可见，瓦斯压力是影响煤与瓦斯突出的关键因素之一。

（2）地应力是影响煤与瓦斯突出的关键因素之一。含瓦斯煤体始终处于复杂的三维应力作用下，在不断变化的应力条件下，含瓦斯煤体变形、破坏，瓦斯积聚，最终在一定条件下破坏突出口自由弱面煤岩体而诱发煤与瓦斯突出。

（3）研究结果表明，煤与瓦斯突出是一个复杂的动力学过程，不仅受地应力和瓦斯压力的影响，而且还与煤岩体物理力学特性，尤其是突出口自由弱面煤岩体抵抗强度密切相关，是影响煤与瓦斯突出的关键因素之一。需要说明的是，本书的试验是基于煤体强度相同的条件下进行的，关于煤体强度对突出的影响还有待进一步的研究。

（4）通过对含瓦斯煤体在三维应力作用下主动破坏突出口而完成突出的模拟试验研究发现，含瓦斯煤体在体积应力和瓦斯压力的共同作用下破坏突出口自由弱面煤岩体而完成突出，研究了体积应力、瓦斯压力和突出口自由弱面煤岩体抵抗强度之间的关系，提出了煤与瓦斯突出的判断准则：当含瓦斯煤体所受体积应力 Θ 大于或等于突出口自由弱面煤岩体抵抗强度的指数函数 $a\exp(b\sigma_{dk})$ 时，即会诱发煤与瓦斯突出，且煤体内部瓦斯压力 p 与体积应力 Θ 呈幂函数增长关系，即：

$$\begin{cases}\Theta \geqslant a\exp(b\sigma_{dk}) \\ p = k\Theta^{n}\end{cases}$$

研究发现，在煤与瓦斯突出发生之前，煤体所受体积应力与突出口自由弱面煤岩体抵抗强度存在指数函数关系，其相关系数可达 0.984 0 以上；煤体内部瓦斯压力与其所受体积应力呈非线性幂函数增长关系，其相关系数达 0.974 4 以上，说明曲线拟合程度较高，吻合较好。

（5）通过对突出强度的研究发现，煤与瓦斯突出强度越大，地应力和瓦斯压力产生的能量越大，进而突出煤量和抛射距离也越大，且煤与瓦斯突出后呈现突出口处积聚煤量较多，之后逐渐减小，直至尖灭的趋势，同时，大多数煤与瓦斯突出都是在突出强度最大的时刻发生。

第 4 章　基于声发射技术的煤与瓦斯突出演化过程分析

岩石力学是一个较为复杂的应用科学领域，主要研究在外界载荷、温度和水流等作用下岩石的应力、应变、变形破坏和稳定性等的一门学科，而岩石力学试验则是人们长期以来一直应用的主要研究手段。从 20 世纪五六十年代起，人们通过大量的岩石力学试验技术和手段对岩石力学进行了研究，通过单轴压缩试验获得了岩石的全程应力-应变曲线，通过三轴压缩试验研究了围压对岩石的变形破坏作用，通过真三轴压力试验建立了更加符合实际生产的强度理论。

煤是一种非均质、非连续性的岩类矿物，其中存在大量的孔隙、裂隙、孔洞、裂纹和裂缝等，再加上节理、层理等弱结构面的存在，与其他岩石相比，其物理力学性质、变形破坏特性等方面的研究也更加复杂。

众所周知，大多数岩石材料在外界应力的作用下，都会产生弹塑性能集中的现象，煤也不例外，当岩石受力达到一定程度时就会产生裂隙，并扩张、变形直至破坏，在整个过程中会伴随着弹性波或应力波在岩体自身及周围岩体内快速释放与传播。对于大尺度的岩体，由于高频衰减速度快、检测到的信号频率低、能量大，称为微震；对于小尺度的岩体，由于检测到的信号频率较大、能量小，称为声发射[175-178]。

国内外众多学者通过不同的手段与方法分别对煤、岩等进行了有效的微震或声发射研究[179]，并取得了大量的研究成果，然而对具有突出危险性煤体的研究则较少。为了进一步的深入研究，本书以含瓦斯煤体为例，利用声发射技术研究含瓦斯煤体在三维应力加载作用下变形破坏的演化过程，分析煤与瓦斯突出过程中的声发射特性，为煤与瓦斯突出的监测和防治工作提供一定的依据。

4.1　声发射监测技术方案简述

根据声发射信号波形特征的不同，声发射信号可分为突发型和连续型两种。

突发型声发射信号在其波形图上可清楚地观察到波形的上升和持续时间；连续型声发射信号的波形高幅值则一直持续，很难分辨出单个波形。声发射监测的研究参数有撞击和撞击计数、事件计数、振铃计数、振幅、能量、能率等[176]，见表 4-1。本书主要针对突发型声发射信号进行研究，主要研究参数有声发射事件计数、振铃计数、能量、能率和振幅等。

表 4-1　声发射各参数及意义

序号	参数	含义	特征与用途
1	撞击和撞击计数	撞击是超过阈值并使某一通道通过累计数据的任一声发射信号； 撞击计数则是系统对撞击的累计计数，可分为总计数和计数率。	反映声发射活动的总量和频度，常用于声发射活动性评价。
2	事件计数	产生声发射的一次材料局部变化称为一个声发射事件。可分为总计数和计数率。一个阵列中，一个或几个撞击对应一个事件。	反映声发射事件的总量和频度，用于声发射源的活动性和定位集中度评价。
3	振铃计数	越过门槛信号的振荡次数，可分为总计数和计数率。	信号处理简便，适于两类信号，又能粗略反映信号强度和频度，因而广泛用于声发射活动性评价，但受门槛值大小的影响。
4	振幅	信号波形的最大振幅度，通常用 dB 表示。	与事件大小没有直接的关系，不受门槛的影响，直接决定事件的可测性，常用于波源的类型鉴别、强度及衰减的测量。
5	能量	一种定义上的能量，在一定程度上表征缺陷活动的等级。	在岩石声发射试验中应用非常广泛，声发射能量参数可分为能率和累积能量。
6	能率	单位时间内声发射能量的相对累积，属于状态参数。	是岩体破裂及尺寸变化的重要标志，综合概括了事件频度、事件振幅等变化的总趋势。

笔者设定测试分析系统门槛值为 40 dB，前置放大器型增益为 40 dB，模拟滤波器带宽为 20 kHz～1 MHz，利用基于 Windows 操作系统的 AEwin for PCI-2 软件对试验数据进行采集与处理，如图 4-1所示。

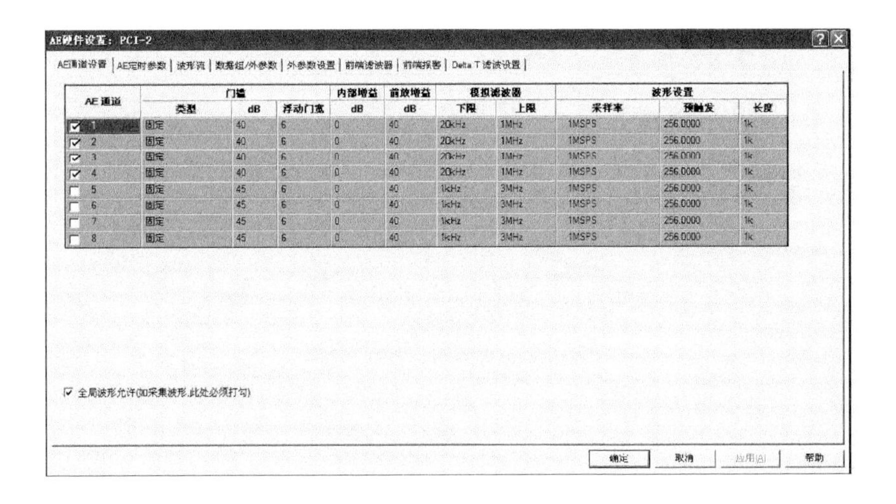

AE 通道	门槛			内部增益	前放增益	模拟滤波器		波形设置		
	类型	dB	浮动门宽	dB	dB	下限	上限	采样率	预触发	长度
1	固定	40	6	0	40	20kHz	1MHz	1MSPS	256.0000	1k
2	固定	40	6	0	40	20kHz	1MHz	1MSPS	256.0000	1k
3	固定	40	6	0	40	20kHz	1MHz	1MSPS	256.0000	1k
4	固定	40	6	0	40	20kHz	1MHz	1MSPS	256.0000	1k
5	固定	45	6	0	40	1kHz	3MHz	1MSPS	256.0000	1k
6	固定	45	6	0	40	1kHz	3MHz	1MSPS	256.0000	1k
7	固定	45	6	0	40	1kHz	3MHz	1MSPS	256.0000	1k
8	固定	45	6	0	40	1kHz	3MHz	1MSPS	256.0000	1k

图 4-1　声发射参数值设定图

4.2　煤与瓦斯突出声发射演化过程

4.2.1　煤与瓦斯突出声发射监测

为了进一步反演含瓦斯煤体在三维应力加载作用下的变形破坏过程，分析煤与瓦斯突出过程中含瓦斯煤体的变形破坏特征，笔者利用声发射技术对含瓦斯煤体在三维应力加载作用下破坏突出口自由弱面煤岩体而完成煤与瓦斯突出的全过程进行监测，同时，结合物理模拟试验，在突出模拟试验装置外部连接声发射监测与分析系统进行声发射监测。为了研究含瓦斯煤体从微观裂纹扩展到破裂失稳的过程，减小含瓦斯煤体在加载过程中由于变形而引起的声发射定位计算误差并提高试验精度，通过多次试验测试，最终确定声发射探头采用 4 通道三维立体式布置方案[图 2-4(a)]进行声发射事件定位，该布置方式可有效接收含瓦斯煤体在变形破坏过程中的声发射事件，实现对含瓦斯煤体声发射事件三维立体定位的监测和准确定位。

根据试验设计，以 6 MPa/min 的平均体积应力加载梯度对含瓦斯煤体实施加载，反演了在三维应力加载作用下煤与瓦斯突出的全过程。图 4-2 和图 4-3 为通过声发射监测系统监测得到的不同体积应力加载阶段含瓦斯煤体变形破坏演化过程中声发射事件时空分布规律图。图 4-4 为煤与瓦斯突出完成后声发射事件累计剖面分布图。

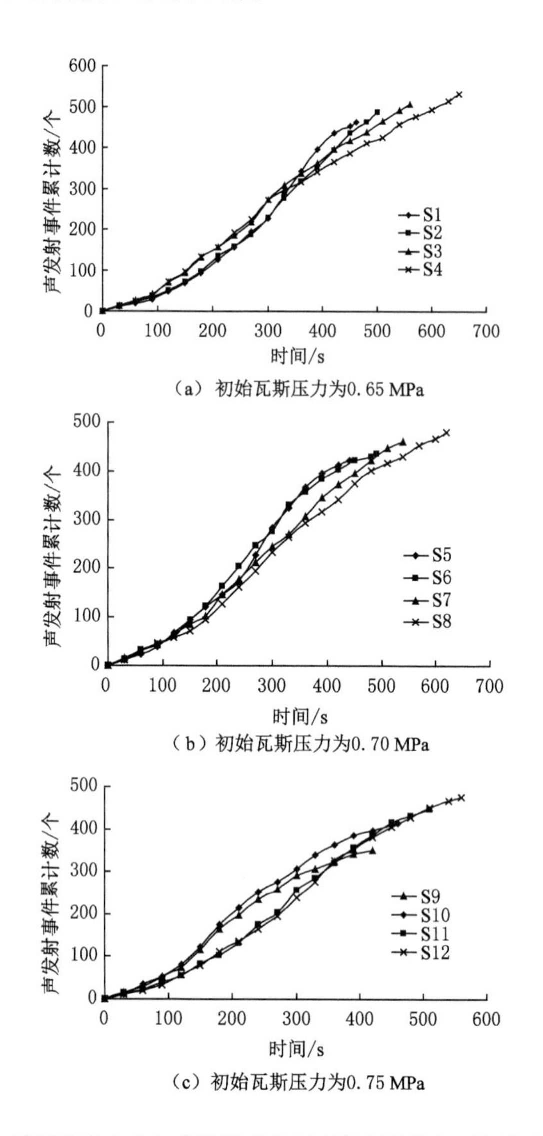

(a) 初始瓦斯压力为0.65 MPa

(b) 初始瓦斯压力为0.70 MPa

(c) 初始瓦斯压力为0.75 MPa

图 4-2　不同体积应力加载阶段声发射事件累计数与时间分布规律图

综合分析图 4-2～图 4-4，根据煤与瓦斯突出模拟试验声发射事件时空监测结果可以看出，含瓦斯煤体在体积应力作用下，随着其所受体积应力的不断增大，声发射事件累计数呈稳定增长趋势。结合突出模拟装置、含瓦斯煤体在腔体内的位置和声发射事件累计空间分布状态可以看出，声发射事件首先发生于靠近煤体突出口自由弱面处的中部弱结构面附近，之后开始呈现向内和向外逐步扩散及累计数量增大的现象，并形成了初期向内部中轴线附近增加速度和数量

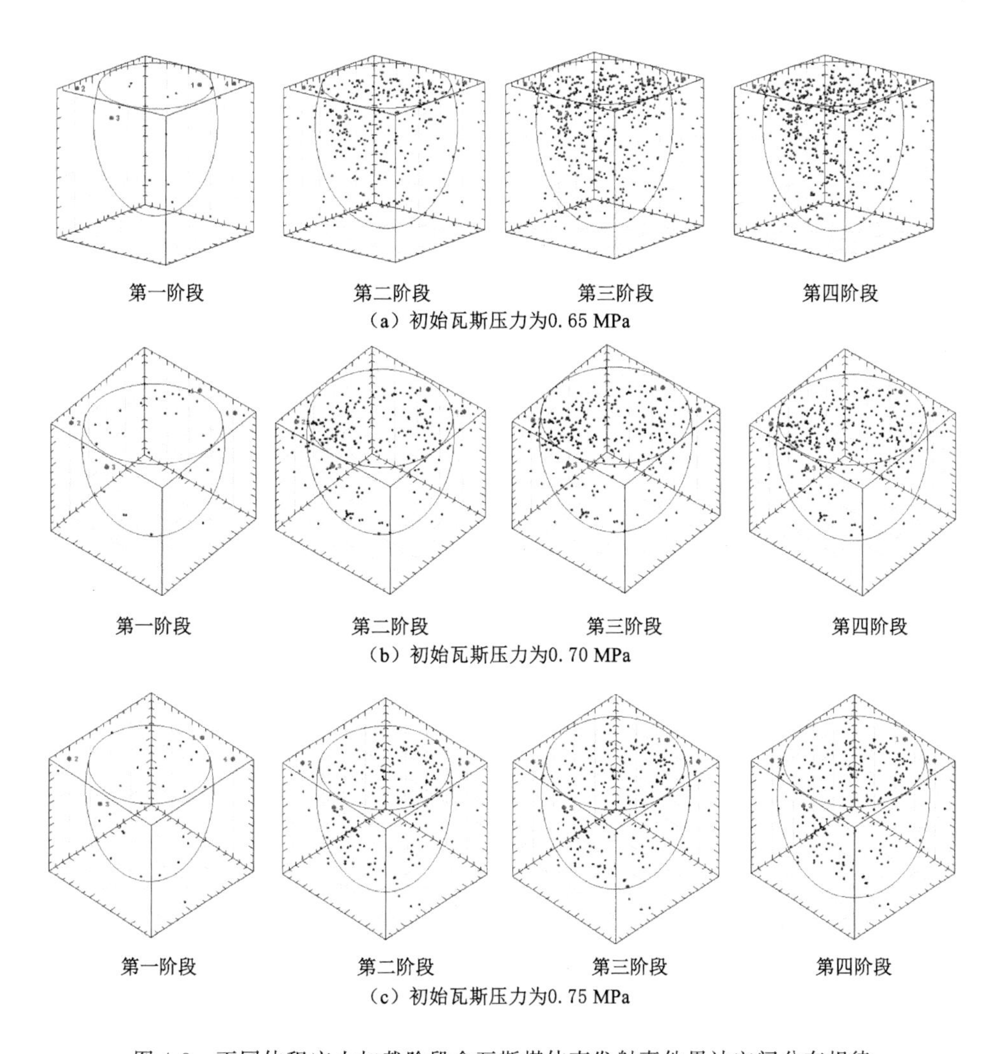

图 4-3　不同体积应力加载阶段含瓦斯煤体声发射事件累计空间分布规律

较多，后期逐渐向外扩散且增加速率变缓的趋势，如图 4-2 和图 4-3 所示。与此同时，在声发射事件累计数稳定增加的同时，还发现突出口自由弱面相似材料开始不断向外凸起的现象，并且突出口自由弱面相似材料呈现初期变形程度较小、后期变形速度较快的趋势，伴随着体积应力的不断增加，其最终在综合应力作用下破坏从而完成煤与瓦斯突出，如图 4-3 中第四阶段与图 4-4 所示。分析图 4-3 第四阶段与图 4-4 可以看出，模拟试验完成煤与瓦斯突出时含瓦斯煤体变形破坏区域为一近似半椭球体结构，且声发射事件最先于离煤体中心位置较远的弱结构面位置处出现，之后随着煤体所受体积应力的不断增加，声发射事件也明显不断增加，煤体变形破坏程度不断增大直至煤与瓦斯突出完成，此时，含瓦斯煤体变形破坏程度达到最大。根据试验结果统计，83.8%～90.9%的声发射事件发生于该模型区域范围内。

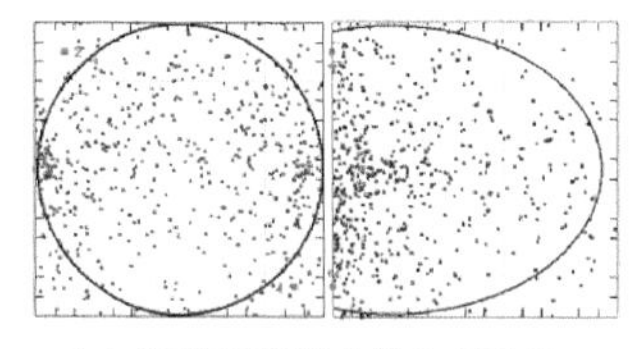
(a) 初始瓦斯压力为0.65 MPa

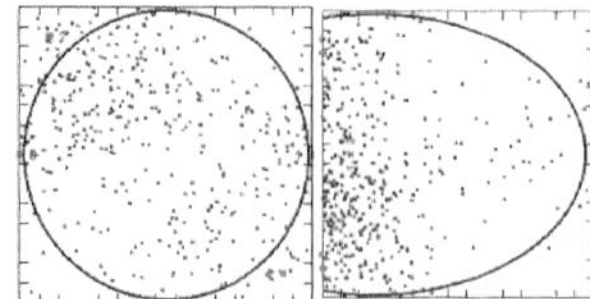
(b) 初始瓦斯压力为0.70 MPa

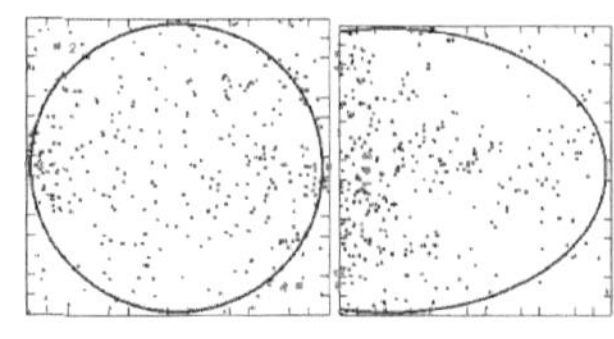
(c) 初始瓦斯压力为0.75 MPa

图 4-4　煤与瓦斯突出完成后声发射事件累计剖面分布图

综上所述，随着含瓦斯煤体所受三维应力的增加，煤体变形破坏程度逐渐增大直至煤与瓦斯突出发生，同时，声发射事件数呈由缓慢增加到较快增加，再到快速增加，最终又变缓的趋势，直至煤与瓦斯突出完成为止；在整个过程中，声发射事件时空发展规律与煤与瓦斯突出物理模拟变形破坏规律基本吻合，发展趋势也基本一致。

4.2.2　煤与瓦斯突出声发射演化过程分析

根据含瓦斯煤体在三维应力作用下煤体变形破坏全过程，综合分析煤与瓦斯突出声发射事件时空结果关系，及含瓦斯煤体在三维应力作用下声发射事件发生累计数量、发生位置及增长速率等。结合煤体变形破坏发展过程、煤与瓦斯突出完成后声发射事件空间分布规律和含瓦斯煤体破坏结构模型，煤与瓦斯突出变形破坏全过程可以划分为如图 4-5 所示的 4 个阶段。

(1) 含瓦斯煤体初始受压阶段，即图 4-5 中 OA 阶段。此阶段随着体积应力的增加开始出现声发射事件，但声发射事件累计数量较少、增长速率较小，声发射事件数以平均每 10 s 增加约 5 个的速率增长，且声发射事件主要集中发生在离煤体中心较远、距离突出口自由弱面较近的弱结构面位置处；此阶段含瓦斯煤体受到损伤，少量裂纹开始出现，但煤体并未产生破坏，声发射事件发生处形成较小的半椭球体结构，约有 86.8%的声发射事件位于该半椭球体模型内(如图 4-3第一阶段所示)。

(2) 含瓦斯煤体弹性变形阶段，即图 4-5 中 AB 阶段。此阶段随着体积应力的不断增加，声发射事件有明显增加的趋势，且增长速率加快(以平均每 10 s 增加约 11 个的速率增长)；声发射事件主要集中于离煤体中心较远的弱结构面位置，煤体中心附近亦有声发射事件发生；含瓦斯煤体内裂纹增多并开始变形破

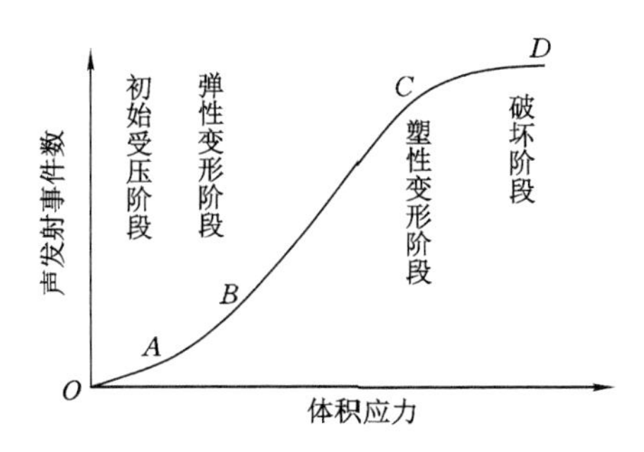

图 4-5　含瓦斯煤体声发射事件数与体积应力变化关系图

坏，且半椭球体结构比上一阶段有扩大趋势，约有 85.9%的声发射事件位于该半椭球体结构模型内(如图 4-3 第二阶段所示)，同时，突出口自由弱面相似材料有向外凸起的现象。

(3) 含瓦斯煤体塑性变形阶段，即图 4-5 中 *BC* 阶段。此阶段声发射事件数随着体积应力的增加而增加，但增长速率较之前有所减小(以平均每 10 s 增加约 5 个的速率增长)，持续时间较长；煤体内裂纹继续增多并扩张、贯通，煤体变形破坏程度加大，半椭球体结构进一步扩大，约有 87.7%的声发射事件位于该半椭球体模型内(如图 4-3 第三阶段所示)，此外，突出口自由弱面相似材料向外凸起程度较之前有明显加剧的现象。

(4) 含瓦斯煤体破坏阶段，即图 4-5 中 *CD* 阶段。此阶段随着体积应力的继续增加，声发射事件数增加较少，增长速度缓慢(以平均每 10 s 增加约 3 个的速率增长)；在三维应力作用下煤体变形破坏区域达到最大，同时，半椭球体结构模型达到最大，约有 90.1%的声发射事件位于该半椭球体模型内(如图 4-3 中第四阶段所示)，最终在综合作用下破坏突出口自由弱面而诱发煤与瓦斯突出。

综上所述，结合含瓦斯煤体在三维应力与孔隙压力作用下的煤与瓦斯主动式突出物理模拟试验情况，通过对含瓦斯煤体在时间与空间上的变形破坏体的声发射监测研究发现，含瓦斯煤体在三维应力作用下发生煤与瓦斯突出的全过程中，经历了初始受压、弹性变形、塑性变形和破坏等 4 个阶段，并且在不计突出口自由弱面变形破坏的情况下，含瓦斯煤体的变形破坏体基本呈一近似半椭球体结构，并形成了外部口径小、腔体尺寸大的变形破坏区域；同时发现，含瓦斯煤体在三维应力作用下声发射事件数逐渐增多、增长速率基本呈先增后减的趋势，且其声发射事件首先出现于离煤体中心较远、突出口自由弱面较近的弱结构面位置处，之后声发射事件不断增加，最终在综合作用下破坏突出口自由弱面而诱发煤与瓦斯突出。

4.2.3 煤与瓦斯突出结构模型的建立

通过对含瓦斯煤体变形破坏体的声发射监测研究发现，含瓦斯煤体在突出孕育、发生、发展和终止的全过程中基本形成了外部口径小、内部腔体尺寸大的近似半椭球体变形破坏区域，且其变形破坏过程中近似半椭球体结构呈逐步扩大的趋势，同时，突出口自由弱面也向外不断凸起并呈扩大趋势，直至完成煤与瓦斯突出。另外，在煤与瓦斯突出试验完成后，对突出煤量进行了收集、称重，经统计，突出煤量占总煤量的 33.3%～57.2%，并通过将石膏浆液注入突出腔体内的方法，待石膏硬化以后，得到了突出煤体在腔体内形成的三维破坏实体模型图，如图 4-6 所示。

图 4-6　突出完成后含瓦斯煤体破坏实体模型图

需要说明的是，由于试验模型的建立与含瓦斯煤体和突出口自由弱面相似材料属性的不同，本试验仅对含瓦斯煤体进行了声发射监测研究，而未对突出口自由弱面相似材料进行声发射监测研究。通过对含瓦斯煤体的变形破坏规律的分析与研究，结合煤与瓦斯突出完成后所得三维破坏实体模型，综合分析本试验模拟过程中含瓦斯煤体变形破坏近似半椭球体结构模型和突出口自由弱面相似材料在体积应力作用下不断向外凸起的现象，并根据实际生产过程中煤与瓦斯突出后呈口小腔大的形状及相同材料的特性相同等，研究结果认为含瓦斯煤体在综合应力作用下完成煤与瓦斯突出时，其变形破坏体呈近似椭球体的模型结构。

综上所述，通过对含瓦斯煤体在三维应力综合作用下，主动破坏突出口自由弱面而完成煤与瓦斯突出的物理模拟试验、声发射演化过程分析，结合生产现场煤与瓦斯突出后的实际情况，笔者认为含瓦斯煤体在综合应力作用下完成煤与瓦斯突出时，其变形破坏体近似椭球体结构，且在煤与瓦斯突出的孕育、发生、发展和终止的全过程中呈逐步扩大的趋势。

4.3　煤与瓦斯突出声发射特征分析

4.3.1　声发射信号特征概述

笔者通过对三维应力与孔隙压力作用下煤与瓦斯突出声发射演化过程的研究，发现了含瓦斯煤体在三维应力作用下声发射事件首先出现的位置和大量声发射事件产生的时间与位置等规律，得出了含瓦斯煤体在外部应力作用下的变形、破坏特征规律，提出了近似椭球体变形破坏体结构模型。

相似材料在外力作用下会产生大量的声发射信号，通过声发射设备可提取一系列波形曲线。对于声发射信号特征的研究，还有振幅、能率和能量等诸多重要参数。振幅与声发射源处的损伤程度相关，与事件大小没有直接关系，能说明材料内部损伤程度及损伤发生时间；能率和能量与信号实际能量相关，主要评价材料的损伤程度，反映材料在外力作用下损伤与载荷的变化关系。

4.3.2　煤与瓦斯突出声发射特征分析

煤与瓦斯突出孕育、发生、发展和终止的全过程中，伴随着声发射的演化规律。图 4-7 为含瓦斯煤体在三维应力作用下变形破坏过程中振铃总计数、振幅、能率和能量等声发射参数特性曲线图。

分析在三维应力与孔隙压力作用下煤与瓦斯主动式突出物理模拟试验研究、声发射演化过程与含瓦斯煤体变形破坏实体模型，并结合图 4-7 可以看出，含瓦斯煤体在三维应力作用下变形破坏直至煤与瓦斯突出完成时共经历了初始受压、弹性变形、塑性变形和破坏 4 个阶段，并伴随着声发射的演化规律，且声发射参数的变化规律与含瓦斯煤体所受三维应力有直接关系。

第一阶段——初始受压阶段。该阶段含瓦斯煤体在三维应力作用下仅有少量声发射事件发生，同时，振铃总计数、能率和能量等均较低，振幅变化范围较小，如图 4-7 所示。产生此现象的主要原因是煤体是双重孔隙裂隙介质，煤体内部存在大量的原生裂隙、节理等弱结构面，该阶段含瓦斯煤体在三维应力作用下仅表现为原生裂隙的闭合与压密及少量新生裂纹的产生，而新生裂纹一般产生于煤体易受力的软弱介质处，即近似椭球体的外部表面位置。此阶段即为含瓦斯煤体在三维应力作用下的初始受压阶段。

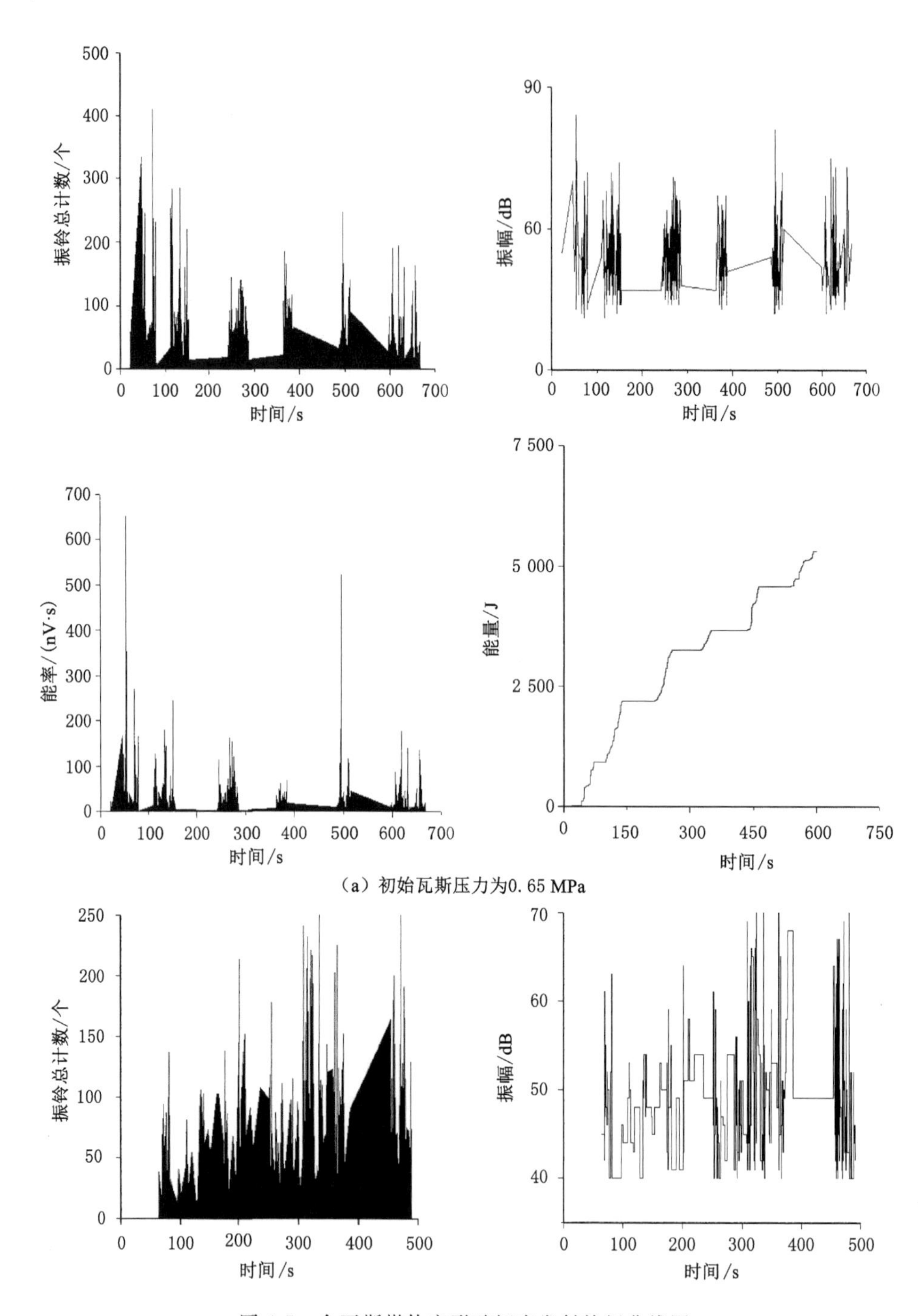

图 4-7　含瓦斯煤体变形破坏声发射特征曲线图

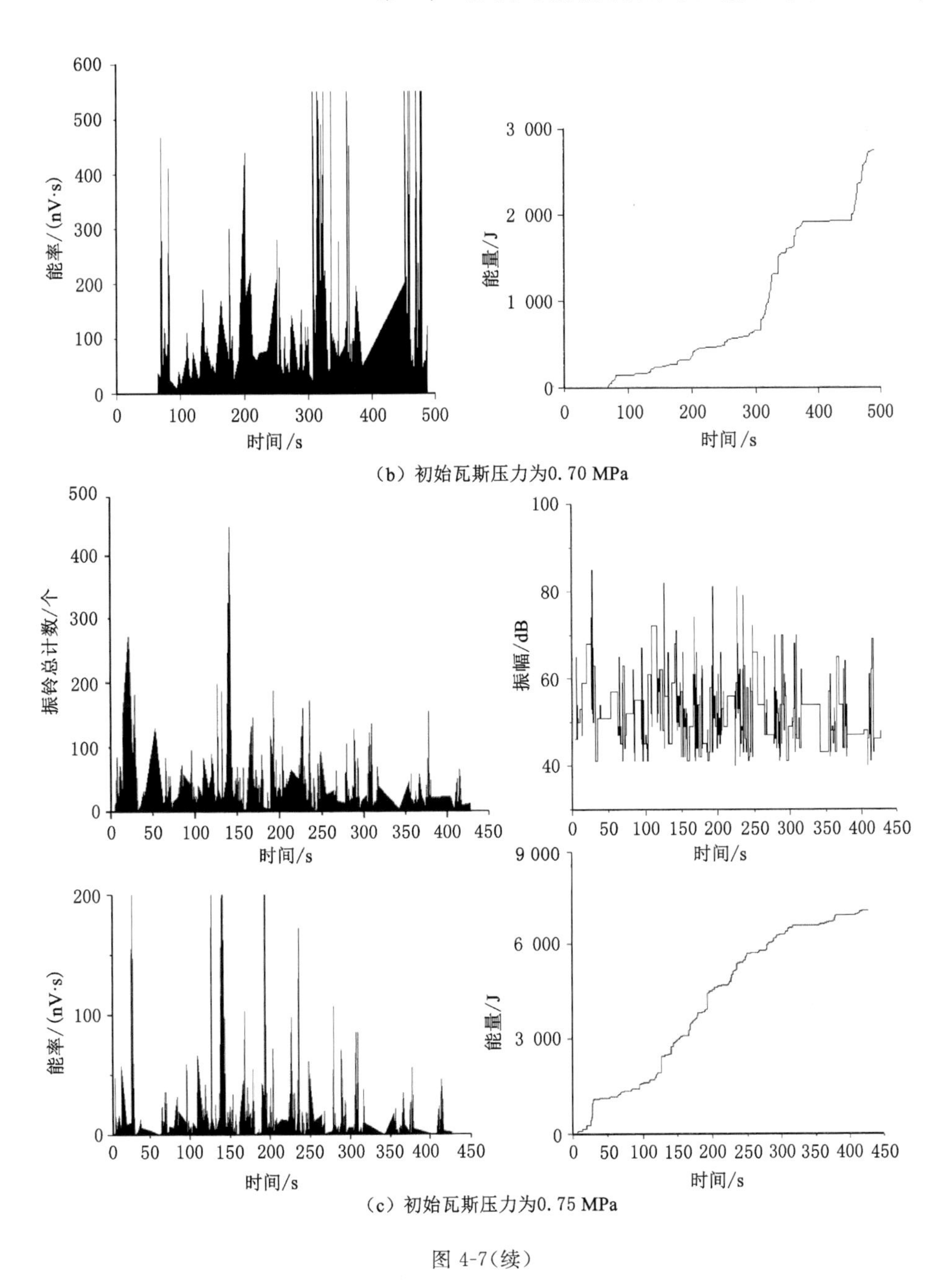

（b）初始瓦斯压力为0.70 MPa

（c）初始瓦斯压力为0.75 MPa

图 4-7(续)

第二阶段——弹性变形阶段。该阶段声发射事件数率明显增加，声发射活动增强，振铃总计数和能率增加，振幅变化范围有所增大，偶尔伴有能量陡增的现象，如图 4-7 所示。产生此现象的主要原因是含瓦斯煤体在受初期三维应力的作用下，原生裂隙进一步压密并逐渐扩张，煤体开始变形破坏，出现了新生裂隙的扩张和分叉等现象，而能量陡增则主要是由于孔隙的扩张和裂纹的分叉造成的；同时，随着含瓦斯煤体外部三维应力的增加，含瓦斯煤体内部吸附态瓦斯开始解吸，瓦斯压力不断增大，在含瓦斯煤体外部三维应力和内部瓦斯压力的共同作用下，促使含瓦斯煤体原生裂隙扩张与新生裂隙增加及扩张。此阶段即为含瓦斯煤体变形破坏的弹性变形阶段。

第三阶段——塑性变形阶段。该阶段声发射事件数稳定增加，振铃总计数和能率变化不大，能量持续增加，振幅变化基本稳定，如图 4-7 所示。产生此现象的主要原因是含瓦斯煤体在外部三维应力作用下，大量的新生裂隙产生，并出现汇合、贯通现象，裂隙间的相互作用不断增强，这说明含瓦斯煤体除了存在主破裂面外，同时伴随着次生裂隙的形成，也就是说，随着体积应力的不断增大，含瓦斯煤体损伤演化和变形破坏程度都有所加大；与此同时，含瓦斯煤体内部瓦斯压力不断增大。此阶段即为含瓦斯煤体在三维应力作用下的塑性变形阶段。

第四阶段——破坏阶段。该阶段声发射事件增加数较之前减少，振铃总计数和能率比较稳定，能量增加缓慢，如图 4-7 所示。产生此现象的主要原因是含瓦斯煤体中存在大量裂隙，同时贯通、扩展并延伸，瓦斯解吸速率变缓，瓦斯压力达到最大值，含瓦斯煤体在综合作用下引起突发性变化，最终破坏突出口自由弱面而诱发煤与瓦斯突出。此阶段即为含瓦斯煤体在三维应力作用下的破坏阶段。

4.4 本章小结

(1) 在三维应力作用下，通过对含瓦斯煤体变形破坏演化过程的研究发现，在不考虑突出口煤岩体变形破坏的条件下，含瓦斯煤体声发射事件的发生、发展在空间结构上呈近似半椭球体结构，且声发射事件首先发生于离煤体中心位置较远的弱结构面位置处，之后随着体积应力的不断增加声发射事件也明显不断增加；同时，声发射事件数呈由缓慢增加到较快增加，再到快速增加，最终又呈变缓的趋势，直至煤与瓦斯突出完成为止，且煤与瓦斯突出完成时含瓦斯煤体变形破坏体达到最大的近似半椭球体破坏结构。

(2) 通过对含瓦斯煤体在时间与空间上的变形破坏特征的声发射监测研究发现，含瓦斯煤体在三维应力作用下，其变形破坏过程共经历了初始受压、弹性变形、塑性变形和破坏等 4 个阶段；结合试验模拟现象及实际生产过程中煤与瓦斯突出的结果等，提出了煤与瓦斯突出过程中含瓦斯煤体近似椭球体变形破坏结构模型。

(3) 通过对含瓦斯煤体声发射信号特征分析研究，结合含瓦斯煤体在三维应力作用下物理模拟试验研究、声发射时空分布规律与含瓦斯煤体变形破坏实体模型等，进一步反演了煤与瓦斯突出的全过程，为煤与瓦斯突出的研究和防治技术提供了理论和试验研究基础。

第5章　煤与瓦斯突出数值模拟研究

关于煤与瓦斯突出的数值模拟计算，众多学者已经进行了很多研究，尤其在突出煤体应力场的变化、构造应力对煤与瓦斯突出的影响、石门揭煤突出模拟、煤体强度、瓦斯压力和高温对煤与瓦斯突出的影响等方面都进行了深入研究，并得出了重要结论，对生产和研究具有一定的指导意义。

目前，数值模拟计算已经成为学术界和工程界常用的、被大家广泛接受的一种工具，它的广泛应用促进了岩体力学的发展，解决了众多复杂的岩体力学与采矿工程科学问题。本章以阳泉矿区15号煤层为研究对象，进行煤与瓦斯突出数值模拟研究，以期进一步揭示煤与瓦斯突出过程中含瓦斯煤体的变形破坏演化全过程及突出机理，并与物理模拟试验结果和声发射技术研究结果进行比较，为煤与瓦斯突出的研究提供理论研究基础。

5.1　煤与瓦斯突出数值模型及基本方程

5.1.1　非均质煤体的数值模型

5.1.1.1　煤体非均匀性分析

材料的非均匀性是指材料的弹性模量、泊松比、强度等力学性质参数随空间位置的不同而不同，其主要表现在单元在空间位置上的分布满足随机性和在数量上的随机性，既包括空间上的非均匀性，又包括数量上的非均匀性。

韦布尔(Weibull)于1939年提出了采用统计数学的方法来描述材料的非均匀性，并通过大量的试验研究，提出了应用幂函数来表示强度极限分布律，即形成了统计学中的韦布尔分布函数。

煤体同样可以采用统计分布函数来对其进行描述，即取一煤样(称该煤样为一个单元体)并将其划分成为若干个大小不一的块体，其中，每个小的块体称为基元体(如图5-1所示)，且每个基元体的力学性质存在差异，则整块煤样就是由力学性质不同的基元体构成的单元体。

与宏观尺度相比，基元体尺度要充分小，小到可以认为它的各力学性质参数

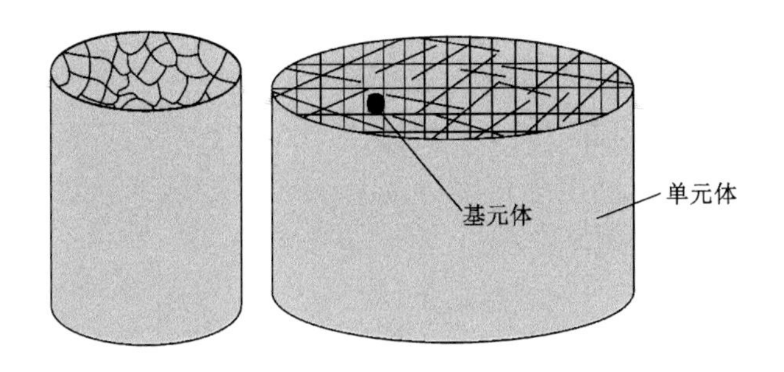

图 5-1　非均匀材料单元体示意图

对于整个单元体的影响被忽略不计；然而，与微观尺度相比，基元体的尺度又要足够大，大到可以包含足够多的孔隙和煤的微观成分。也就是说，不同的基元体包含数量、大小不同的孔隙和裂隙，导致各基元体的力学性质参数存在差异，促使所有基元体在整个单元体中产生不同的作用，进而由无数基元体随机组合成了空间上分布不均匀、不连续的非均匀材料。

为了考虑煤体的非均匀性，假设组成材料的单元体的力学性质满足韦布尔分布，并引入如下分布函数进行描述：

$$\varphi(\alpha)=\frac{m}{\alpha_0}\cdot\left(\frac{\alpha}{\alpha_0}\right)^{m-1}\cdot \mathrm{e}^{-\left(\frac{\alpha}{\alpha_0}\right)^m} \tag{5-1}$$

式中　$\varphi(\alpha)$ ——统计分布密度；

α ——煤体介质力学性质参数；

m ——煤体介质均质度系数；

α_0 ——基元体力学性质参数平均值。

由式(5-1)可以看出：煤体介质均质度系数 m 越大，煤体介质越均匀；反之，煤体介质均质度系数 m 越小，则煤体介质越趋于非均匀。不同均质度系数材料基元体力学性质分布形式如图 5-2 所示。

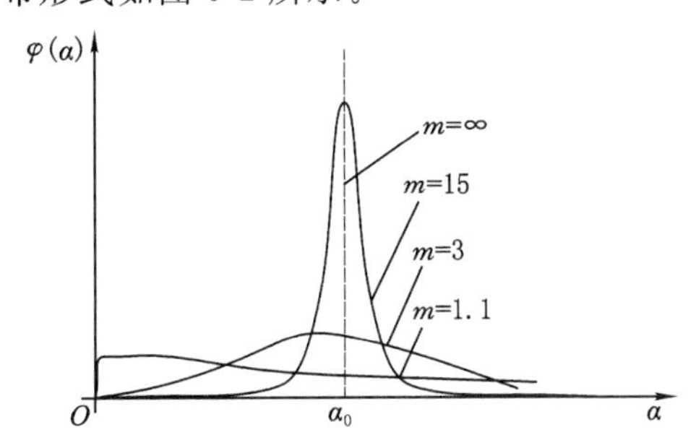

图 5-2　不同均质度系数材料基元体力学性质分布形式

结合式(5-1)和图 5-2 分析可知:不同的韦布尔分布函数往往可以用来表示不同的非均匀性材料;而对于相同的韦布尔分布函数,往往由于每次随机采取试样的不同,其空间分布也是不同的。可见,对于相同材料的不同弹性模量、泊松比、强度等力学参数及材料介质均质度系数 m 的随机选取(赋值不同),都可以得到不同的非均匀性材料模型。

5.1.1.2　非均匀性材料破坏本构方程

随着非均匀性的提出和深入研究,及其在各个学科中的广泛应用,一门新兴的学科——损伤力学应运而生,并发展成为研究各类材料(如金属、复合材料、岩体等)在各种加载条件或外部因素(如温度、辐射等)作用下,由细观结构缺陷(如微裂纹、微孔隙等)而萌生、扩展为不可逆变化的变形破坏过程的一门学科。损伤力学通过选取诸如标量、矢量或张量等损伤变量,利用统计力学、细观力学或连续介质力学的方法,导出含损伤的材料的演化方程,并研究变形场、应力场和损伤场的变化。1958 年以来,卡恰诺夫(Kachanov)通过对高温蠕变情况下构件强度与寿命的研究,提出了连续性因子、有效应力和损伤因子等概念及损伤理论,推动了损伤力学的建立。各国众多学者大都以 Kachanov 的研究成果作为研究基础,并定义了多种损伤变量用来描述材料或结构的损伤状态,推动了损伤力学的发展。

假设一均匀受力的圆柱形材料试件(图 5-3),材料内部微缺陷导致有效承载面积减小促使材料劣化。设材料在无损状态下的横截面面积为 A,损伤后的有效承载面面积为 A',连续度 Ψ 定义为有效承载面面积与无损状态下的横截面面积之比,即:

$$\Psi = \frac{A'}{A} \tag{5-2}$$

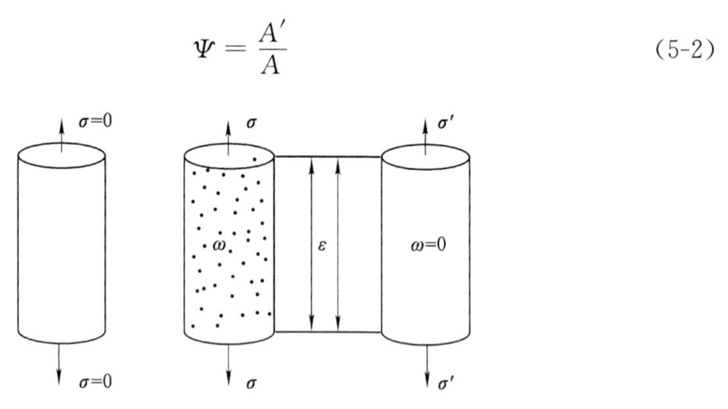

σ—名义应力;σ′—有效应力;ω—损伤因子;ε—应变。

图 5-3　均匀受力材料

显然可见，式(5-2)中连续度是一个无量纲的变量。当 $\Psi = 0$ 时，材料完全破坏，其处于没有任何承载能力的状态；当 $\Psi = 1$ 时，材料无任何损伤缺陷，其处于理想承载状态。

1963 年，拉博特诺夫(Rabotnov)在研究金属的蠕变本构方程时提出了损伤因子，利用损伤因子来描述损伤，即：

$$\omega = 1 - \Psi \tag{5-3}$$

结合式(5-2)，$\omega = 0$ 时，材料处于完全无损状态；$\omega = 1$ 时，材料处于完全丧失承载能力状态。

由式(5-2)和(5-3)可得：

$$\omega = \frac{A - A'}{A} \tag{5-4}$$

1971 年，勒梅特(Lemaitre)提出了应变等效假设(图 5-4)，该假设认为，材料受损的变形行为可只用有效应力 σ' 来表示，即：

$$\sigma' = \frac{\sigma}{1 - \omega} \tag{5-5}$$

因而，材料的损伤模型为：

$$\varepsilon = \frac{\sigma'}{E} = \frac{\sigma}{E(1 - \omega)} = \frac{\sigma}{E'} \tag{5-6}$$

即：

$$\sigma = E\varepsilon(1 - \omega) = \varepsilon E' \tag{5-7}$$

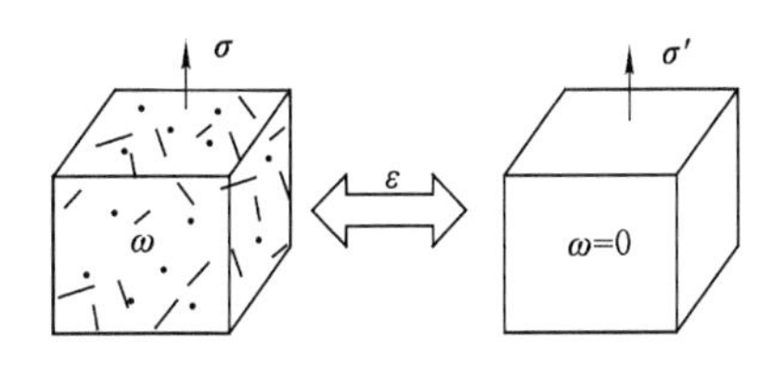

图 5-4　应变等效模型

5.1.2　煤与瓦斯突出数值模型基本方程

5.1.2.1　瓦斯渗流方程

瓦斯在煤岩体内主要以两种方式存在：一种以自由状态存在，即游离态瓦斯；另一种以吸附状态存在，即吸附态瓦斯。游离态瓦斯和吸附态瓦斯始终处于一种动态平衡状态。当瓦斯在煤体中运移时，实质上是瓦斯在煤体内的孔隙或裂隙中做渗流或扩散运动。瓦斯在孔隙中主要以渗流运动为主，而在裂隙中则主要以扩散运动为主。在一定条件下，游离态瓦斯和吸附态瓦斯是可以相互转化的。

煤层瓦斯的固-流耦合是关于流体力学、岩石力学和概率统计等诸多学科的一个复杂问题，为了便于研究，根据各学科的研究成果与结论，引入如下假设[180]：

(1) 对于游离态瓦斯和吸附态瓦斯，煤体瓦斯含量满足以下方程：

$$W = W_1 + W_2 = Bnp + \frac{abp}{1+bp} f(T,M,V) \tag{5-8}$$

式中 W ——煤岩体中瓦斯总含量，m^3/t；

W_1 ——游离态瓦斯含量，m^3/t；

W_2 ——吸附态瓦斯含量，m^3/t；

B ——量纲修正系数，可取值 1，$m^3/(t \cdot MPa)$；

n ——煤岩体孔隙率，%；

p ——瓦斯压力，MPa；

a ——朗缪尔(Langmuir)吸附常数，m^3/t；

b ——朗缪尔(Langmuir)吸附常数，MPa^{-1}；

$f(T,M,V)$ ——温度、水分和可燃物灰分修正系数，可简化为 1。

则式(5-8)可简化为：

$$W = W_1 + W_2 = np + \frac{abp}{1+bp} \tag{5-9}$$

(2) 在微段压力梯度上，瓦斯渗流符合达西(Darcy)定律：

$$\Delta q_i = K_{ij} \Delta p_{,j} \tag{5-10}$$

渗透系数在整个区段上遵循以下方程：

$$K = a_0 \exp(a_1 \Theta + a_2 p^2 + a_3 \Theta p) \tag{5-11}$$

式中 q_i ——渗流速度，cm/s；

$p_{,j}$ ——孔隙压力对 x_j 的偏导数；

a_0, a_1, a_2, a_3 ——系数。

(3) 煤层是由固体骨架煤与煤体内瓦斯气体组成，且煤层瓦斯气体充满其孔隙、裂隙。

(4) 将瓦斯气体简化为理想气体，且渗流按等温过程处理，则瓦斯气体状态方程为：

$$p = \rho RT \tag{5-12}$$

式中 ρ ——瓦斯密度，kg/m^3；

R ——气体常数，J/(mol・K)；

T ——绝对温度，K。

(5) 煤岩体在弹性变形阶段时,遵循广义胡克(Hooke)定律:

$$\sigma_{ij} = \lambda\delta_{ij}e + 2\mu\varepsilon_{ij} \tag{5-13}$$

式中　σ_{ij} ——应力张量,MPa;

λ,μ ——拉梅常数;

δ_{ij} ——克罗内克(kronecker)函数;

e ——体积变形;

ε_{ij} ——应变张量。

(6) 煤岩体在煤体瓦斯压力的作用下遵守太沙基(Terzaghi)有效应力原理,即:

$$\sigma'_{ij} = \sigma_{ij} - \alpha p\delta_{ij} \tag{5-14}$$

(7) 煤岩体的变形为弹性小变形。

(8) 饱和多孔介质的体积变形与孔隙裂隙的变形相等。

基于以上基础假设,煤层瓦斯的渗流方程为:

$$\mathrm{div}(\rho q) = \frac{\partial W}{\partial t} \tag{5-15}$$

联立式(5-8)～ 式(5-15),可得瓦斯在煤岩体中的渗流方程:

$$\frac{\partial}{\partial x}\left(K_x\frac{\partial p^2}{\partial x}\right)+\frac{\partial}{\partial y}\left(K_y\frac{\partial p^2}{\partial y}\right)+\frac{\partial}{\partial z}\left(K_z\frac{\partial p^2}{\partial z}\right)=\left[\frac{n}{p}+\frac{ab}{p\ (1+bp)^2}\right]\frac{\partial p^2}{\partial t}-2p\frac{\partial e}{\partial t} \tag{5-16}$$

5.1.2.2　煤岩体变形方程

煤岩体在孔隙压力作用下,其固体骨架主要发生小应变和小位移,应力平衡方程为:

$$\sigma_{ij,j} + F_j = 0 \tag{5-17}$$

式中　$\sigma_{ij,j}$ ——煤岩体总应力分量 ($i,j = 1,2,3$), MPa;

F_j ——煤岩体体积应力分量,MPa。

总应力按有效应力表示为:

$$\sigma_{ij} = \sigma'_{ij} + \alpha p\delta_{ij} \tag{5-18}$$

式中　σ'_{ij} ——煤岩体有效应力 ($i,j = 1,2,3$), MPa;

α ——孔隙压力系数,$0 < \alpha < 1$;

p ——瓦斯气体压力,MPa。

则用有效应力来表示应力平衡微分方程:

$$\sigma'_{ij,j} + F_i + (\alpha p\delta_{ij})_{,j} = 0 \tag{5-19}$$

即:

$$\sigma'_{ij,j} + F_i + (\alpha p)_{,i} = 0 \tag{5-20}$$

于是,以位移表示的考虑煤层孔隙瓦斯压力的煤岩体的变形方程为:

$$(\lambda+\mu)u_{j,ji}+\mu u_{i,jj}+F_i+(\alpha p)_{,i}=0 \tag{5-21}$$

5.1.2.3 固-气耦合数学模型

结合式(5-16)和式(5-21),即可得到固-气耦合数学模型,即:

$$\begin{cases}(K_i p_{,i}^2)_{,i}=\left[\dfrac{n}{p}+\dfrac{ab}{p\ (1+bp)^2}\right]\dfrac{\partial p^2}{\partial t}-2p\dfrac{\partial e}{\partial t}\\(\lambda+\mu)u_{j,ji}+\mu u_{i,jj}+F_i+(\alpha p)_{,i}=0\end{cases} \tag{5-22}$$

5.1.3 煤与瓦斯突出数值模型

5.1.3.1 数值模型建立的基本思路

煤与瓦斯突出是一个以煤体与瓦斯为主要研究对象的复杂的固-气耦合问题。煤体是一种以孔隙、裂隙和颗粒骨架构成的非均匀多孔介质,煤体内存在着从微孔到大孔再到裂隙的多种通道。其中,直径小于 10 nm 的微孔构成瓦斯吸附容积,直径大于 10 nm 的小孔、中孔、大孔及裂隙为瓦斯渗流通道。

煤与瓦斯突出是非均匀煤岩体在地应力和瓦斯压力共同作用下,瓦斯在煤体孔隙、裂隙等通道中运移促使煤岩体变形破坏直至煤与瓦斯突出的一个渐进过程。通常的研究方法是在均匀性和连续性的基本假设条件下进行的,它们既不能反映煤体非均匀介质对煤与瓦斯突出的影响,也不能模拟从煤体变形破坏到煤与瓦斯突出时的突变过程。自断裂力学、损伤力学在岩石类材料研究领域应用以来,众多学者在该方面进行了深入的研究与分析,并将非均质概念应用到煤体研究领域中。煤体的非均质性在宏观上表现为煤体的自身节理和裂隙的分布,微观上则表现为煤体的有机显微组分的分布。

岩石破裂过程分析系统 RFPA^{2D}-GasFlow 是用来模拟煤岩体在应力场作用下,变形破坏过程中瓦斯渗流的数值模拟软件,它能够模拟分析煤岩体裂纹的产生、扩展以及瓦斯的渗流等。该系统可用于煤与瓦斯突出、水力致裂、底板突水等方面的模拟研究,从而对固-流耦合问题进行深入模拟与分析[43,100-101,105-107,181]。

5.1.3.2 数值模型的建立

众所周知,煤岩体是在漫长的地质年代中,经过复杂的地质运动而形成的处于原岩应力状态的矿物集合体,其力学特征上的主要特点表现为非均质和各向异性。煤岩体的双重介质性对煤岩体裂纹的产生、扩展、变形和破坏起着至关重要的影响作用。韦布尔分布函数因被广泛应用于非均匀性材料破坏的研究,而被一些学者[43]在试验和研究中做了深入的研究,并取得了一定成效。由于煤岩体的非均匀性对其变形破坏有着显著的影响,因此,本书充分考虑了煤岩体的非均匀性对突出的影响，以期进一步认识和了解煤与瓦斯突出规律，揭示煤与瓦斯突出机理，增强对煤与瓦斯突出的研究。

为此，笔者利用 RFPA^{2D}- GasFlow 系统建立了如图 5-5 所示的数值模拟计算模型。即煤层前方设定一定厚度的岩层，来模拟掘进工作面向前推进一个循环后诱发煤与瓦斯突出的破坏机理。

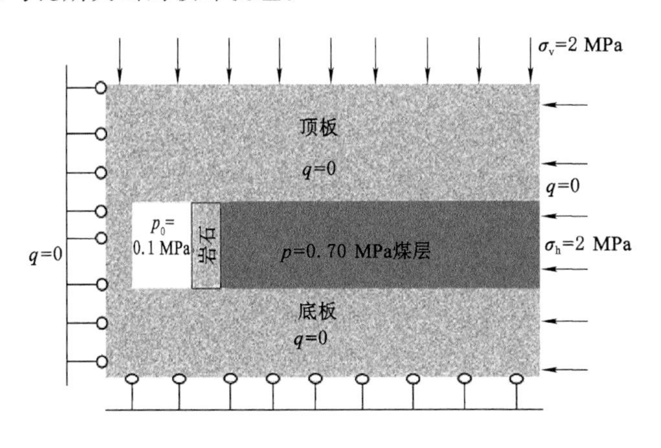

图 5-5　数值模拟计算模型

5.1.3.3　数值模型的基本参数

数值模拟采用平面应变进行分析，模型尺寸为 15 m(长)×10 m(宽)，划分为 300×200 个单元。模型设计分为 3 层，自上而下分别为顶板、煤层和底板，其中顶板厚度为 4 m，煤层厚度为 3 m，底板厚度为 3 m，并假设模型边界在模拟过程中不发生变形和破坏。设定数值模型的煤层顶板与底板皆为透气性极差的岩层，即瓦斯气体的流量 $q=0$，煤层中左部开挖边界处为模拟突出口自由弱面，前方为模拟掘进工作面，大气压力 p_0 为 0.1 MPa，右部为含瓦斯煤体，试验中一种模拟瓦斯压力 $p=0.70$ MPa，煤层顶板与底板的弹性模量和抗压强度均远大于煤层的弹性模量和抗压强度。数值模型的基本参数见表 5-1。

表 5-1　数值模型基本参数表

序号	力学参数	煤层	顶、底板
1	均质度 m	3	10
2	弹性模量均值 E_0/GPa	5	50
3	抗压强度 σ/MPa	20/22/24	200
4	泊松比 μ	0.24	0.25

表 5-1(续)

序号	力学参数	煤层	顶、底板
5	透气系数/[m^2/(MPa^2 · d)]	0.18	0.001
6	瓦斯含量系数 A	2	0.001
7	孔隙压力系数 α	0.5	0.001

5.2 煤与瓦斯突出影响因素数值分析

研究认为[182]，在煤与瓦斯突出孕育、发生、发展和停止的全过程中，地应力和瓦斯压力是煤与瓦斯突出发生和发展的外在动力，而煤岩体物理力学特性，特别是突出口处煤岩体物理力学特性则是阻碍突出发生的制约因素。因此，研究煤与瓦斯突出实为研究地应力和瓦斯压力共同作用与突出口煤岩体抵抗强度之间的关系。

在矿井的采掘过程中，煤层的开采或巷道的掘进改变了煤岩体及其围岩的应力分布，促使煤岩体所受有效应力发生变化，进而引起煤岩体所受地应力的重新分布；另外，煤岩体所受有效应力的变化和地应力的重新分布导致煤岩体变形，使其孔隙、裂隙或空间分布等发生变化，进而使煤岩体自身的渗透性发生改变，煤岩体中瓦斯的赋存状态也发生改变，部分吸附态瓦斯开始解吸、扩散，并向气体压力较低的方向运移，在煤岩体所受变化地应力和瓦斯运移的作用下进一步促使煤岩体变形破坏。这两个过程互相作用、互相影响，不断对煤岩体和瓦斯产生作用，并促使煤岩体的孔隙压力和渗透性发生变化，因而，在煤岩体所受有效应力不断变化的条件下会直接影响煤岩体的破坏。可见，研究煤岩体和瓦斯的固-流耦合作用下煤岩体的破坏过程和破坏模式对煤与瓦斯突出的研究更具有理论与实际应用的意义和价值。

本次数值模拟研究基于煤与瓦斯突出综合作用假说，对煤与瓦斯突出三要素(瓦斯压力、煤岩体物理力学特性和地应力)对突出的影响分别进行了模拟，分析、研究各要素对煤与瓦斯突出的作用与影响，对不同瓦斯压力和煤体强度条件下，在不同地应力作用下完成煤与瓦斯突出的过程进行了模拟，结合实验室物理模拟与声发射技术开展研究。本次数值模拟仅将瓦斯压力增加一个 0.80 MPa 的条件，其余瓦斯压力和煤体强度的选值仍与前述研究一致，即瓦斯压力选取 0.60 MPa、0.65 MPa、0.70 MPa、0.75 MPa 和 0.80 MPa，煤体强度选取 20 MPa、22 MPa 和 24 MPa。

5.2.1　瓦斯压力对煤与瓦斯突出作用的分析

笔者以相同煤体强度、不同初始瓦斯压力的含瓦斯煤体为研究对象模拟了煤与瓦斯突出过程。其中，煤体强度取 22 MPa，初始瓦斯压力分别取 0.60 MPa、0.65 MPa、0.70 MPa、0.75 MPa 和 0.80 MPa，对模型采取逐步加载的方式，直至完成煤与瓦斯突出。图 5-6 和图 5-7 分别为相同煤体强度下煤与瓦斯突出发生模拟过程图与工作面前方瓦斯压力分布图。

数值模拟结果（图 5-6 和图 5-7）显示，随着含瓦斯煤体瓦斯压力的增大，煤与瓦斯突出时所需地应力逐渐减小，工作面前方瓦斯压力降低区域逐渐增大。这说明瓦斯压力的增大为煤与瓦斯突出提供了一定的动力作用，而地应力的作用相应减小，且在煤与瓦斯突出发展过程中煤体变形破坏区域随着瓦斯压力的增大而有所扩大。

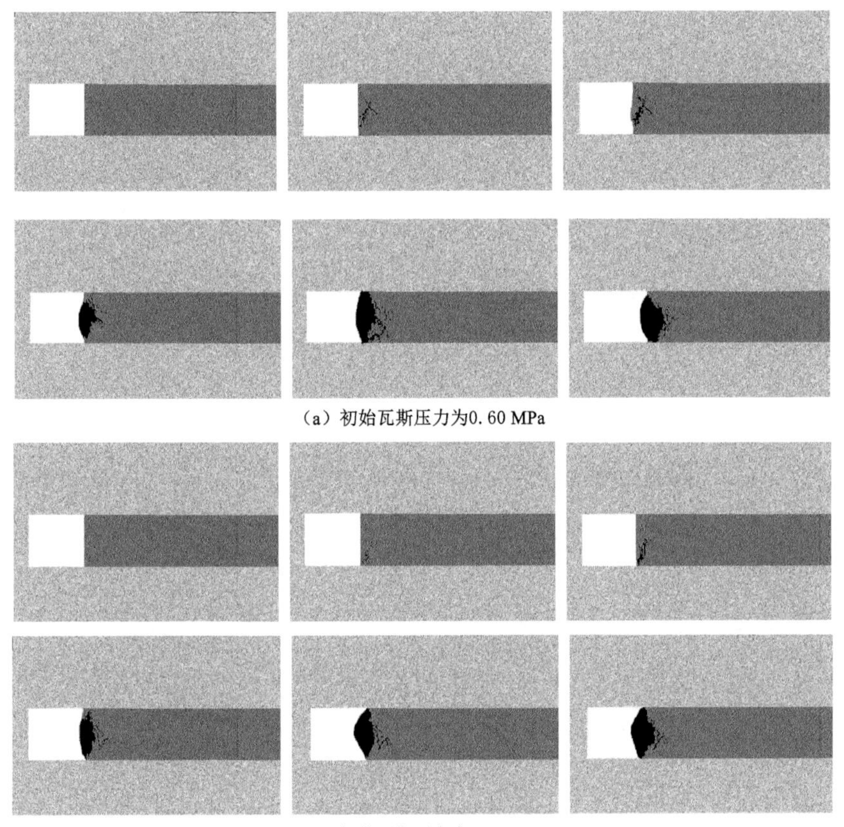

(a) 初始瓦斯压力为0.60 MPa

(b) 初始瓦斯压力为0.65 MPa

图 5-6　煤与瓦斯突出全过程模拟图

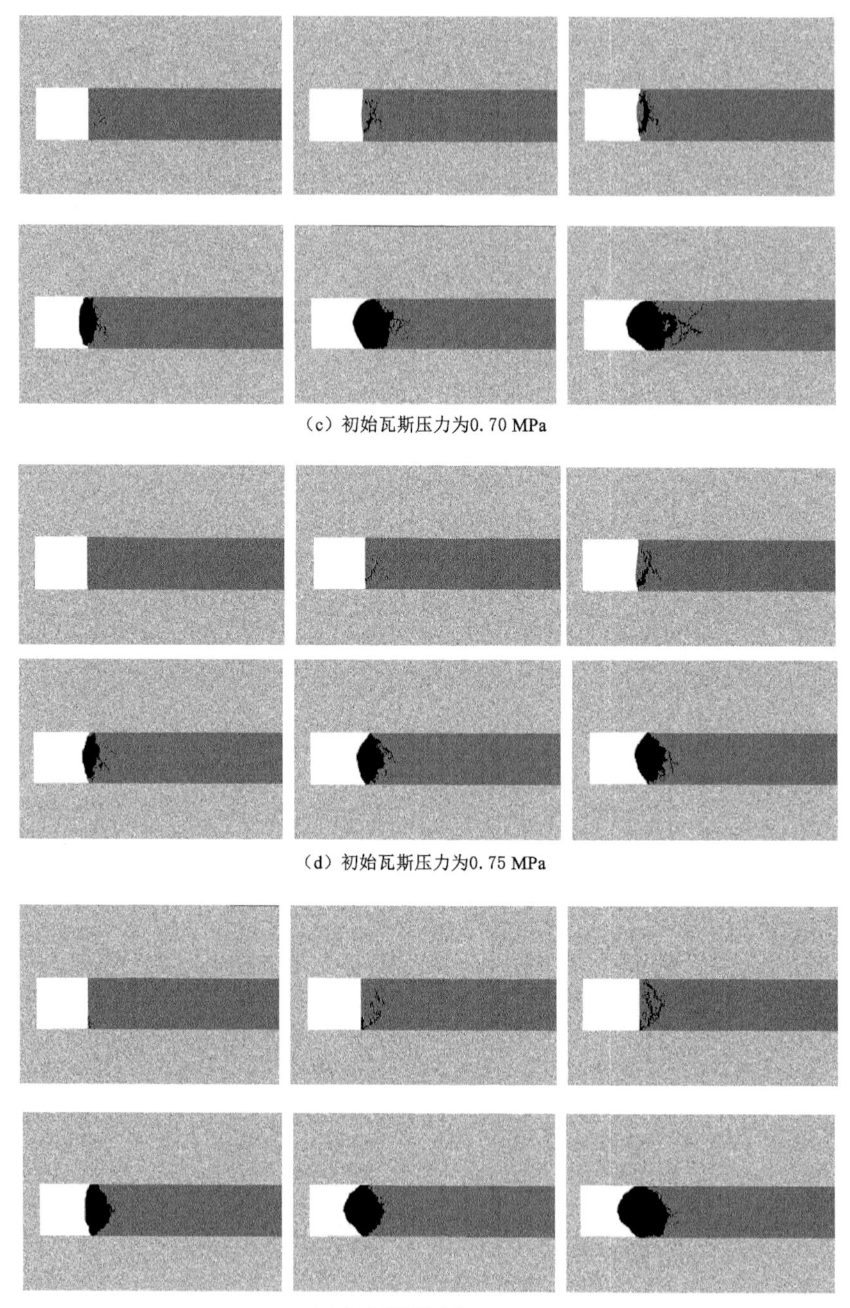

（c）初始瓦斯压力为0.70 MPa

（d）初始瓦斯压力为0.75 MPa

（e）初始瓦斯压力为0.80 MPa

图 5-6(续)

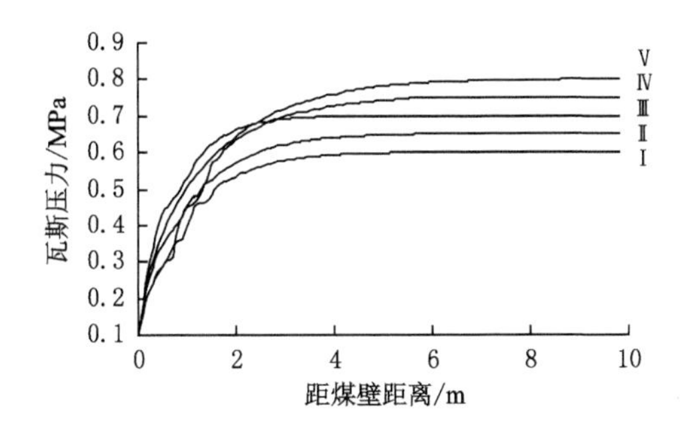

图 5-7　工作面前方瓦斯压力分布图

图 5-6 模拟了含瓦斯煤体初始瓦斯压力分别为 0.60 MPa、0.65 MPa、0.70 MPa、0.75 MPa 和 0.80 MPa 等 5 种条件下煤与瓦斯突出的全过程。由图 5-6可以看出，在煤与瓦斯突出孕育、发生、发展、结束的全过程中，由于含瓦斯煤体非均匀性的特点及其受地应力与瓦斯压力的共同作用，含瓦斯煤体首先在其较弱单元体处发生变形，之后逐渐产生贯通、扩展，变形破坏区域扩大，进而形成较大的变形破坏区域。随着瓦斯压力的变化和地应力的作用，煤壁开始向外凸起，进而诱发煤与瓦斯突出。煤与瓦斯突出发生后，由于含瓦斯煤体所受综合作用的影响，突出区域进一步扩大而形成更大的煤与瓦斯突出，且煤与瓦斯突出直至含瓦斯煤体所受综合应力达到新的平衡状态时才最终停止。同时可以看出，随着瓦斯压力的增大，含瓦斯煤体在突出过程中变形破坏区域增大，突出规模也扩大，可见，瓦斯压力的作用加快了含瓦斯煤体的变形与破坏，增强了煤与瓦斯突出的强度，为煤与瓦斯的突出提供了一定的动力。

综合分析图 5-6 和图 5-7 可以看出，在煤与瓦斯突出全过程中，含瓦斯煤体的变形破坏首先出现于弱单元体区域处的瓦斯卸压区内，同时，随着瓦斯压力的增大，其卸压区也在逐渐增大，并且随着瓦斯压力的增大初始变形破坏位置与掘进工作面迎头位置的距离逐渐增大，突出强度也逐渐增大。主要是由于随着瓦斯压力的增大，含瓦斯煤体所受应力及其作用范围在不断扩大，进而其突出变形破坏区域扩大，突出强度增大。

综合分析相同煤体强度、不同瓦斯压力煤与瓦斯突出数值模拟过程和结果可知，随着含瓦斯煤体初始瓦斯压力的增大，含瓦斯煤体变形破坏区域在逐步增大，瓦斯压力促进了煤与瓦斯突出的发生；伴随着瓦斯压力的增大，其突出强度也在增大。可见，瓦斯压力为煤与瓦斯突出提供了一定的动力源。

5.2.2 煤体强度对突出作用的分析

笔者以相同初始瓦斯压力、不同煤体强度含瓦斯煤体为研究对象分别进行了煤与瓦斯突出模拟研究和分析比较。其中,初始瓦斯压力取 0.80 MPa,突出口煤岩体强度取 20 MPa、22 MPa 和 24 MPa,对模型采取逐步加载的方式,直至完成煤与瓦斯突出。图 5-8 和图 5-9 分别为初始瓦斯压力为 0.80 MPa,不同突出口煤岩体强度条件下煤与瓦斯突出全过程模拟图和声发射(AE)事件分布图。

综合分析图 5-8 和图 5-9 可以看出,随着含瓦斯煤体强度的增加,煤与瓦斯突出强度和突出规模都在逐渐变小,但变形破坏区域变化程度不大。可见,含瓦斯煤体在应力作用下产生变形破坏,并在一定条件下诱发煤与瓦斯突出,煤与瓦斯突出完成时突出体是含瓦斯煤体的破坏区域,且离掘进工作面迎头较远的深部煤体仅受综合应力的作用产生一定程度的变形,而达不到突出的程度。换言之,如图 5-9 所示,在煤与瓦斯突出完成前,工作面迎头前方有大量的 AE 事件发生,且压应力范围明显大于拉应力范围,而突出区域恰恰是拉应力和压应力共同作用的区域,压应力范围的煤体仅表现为煤体的变形,却最终不能发生煤与瓦斯突出;数值模拟结果还发现,随着含瓦斯煤体强度的增加,煤与瓦斯突出完成时其 AE 事件数量也呈明显减少的趋势。

综上所述,煤与瓦斯突出是在拉应力和压应力的共同作用下,促使含瓦斯煤体内瓦斯解吸、运移,并最终在综合作用下发生;同时,随着含瓦斯煤体强度的增加,煤体在拉应力和压应力的作用下完成煤与瓦斯突出,而其突出范围、强度和规模都在不同程度上有所减小。

5.2.3 地应力对煤与瓦斯突出作用的分析

以初始瓦斯压力为 0.80 MPa、煤体强度为 22 MPa 的含瓦斯煤体为研究对象进行煤与瓦斯突出数值模拟研究,同时以初始水平应力为 2 MPa、垂直应力为 2 MPa、应力加载梯度为 2 MPa 对煤岩体进行加载,模拟在不断加载地应力的条件下完成的煤与瓦斯突出全过程,用于分析地应力对煤与瓦斯突出的影响。

图 5-10 和 5-11 分别为相同煤体强度条件下煤与瓦斯突出全过程模拟图和工作面前方瓦斯压力分布图。

分析图 5-10 和图 5-11 可以看出,随着含瓦斯煤体所受地应力的不断增大,煤体开始变形破坏,直至在瓦斯压力和地应力的共同作用下破坏突出口煤岩体而诱发煤与瓦斯突出。含瓦斯煤体所受地应力为 3.6 MPa 时,煤体内部仅表现为煤壁前方出现少量的变形区域,且煤体在应力的作用下变形程度比较缓慢,形成了一个较小的变形区域,如图 5-10(a)所示;随着含瓦斯煤体所受应力增加至

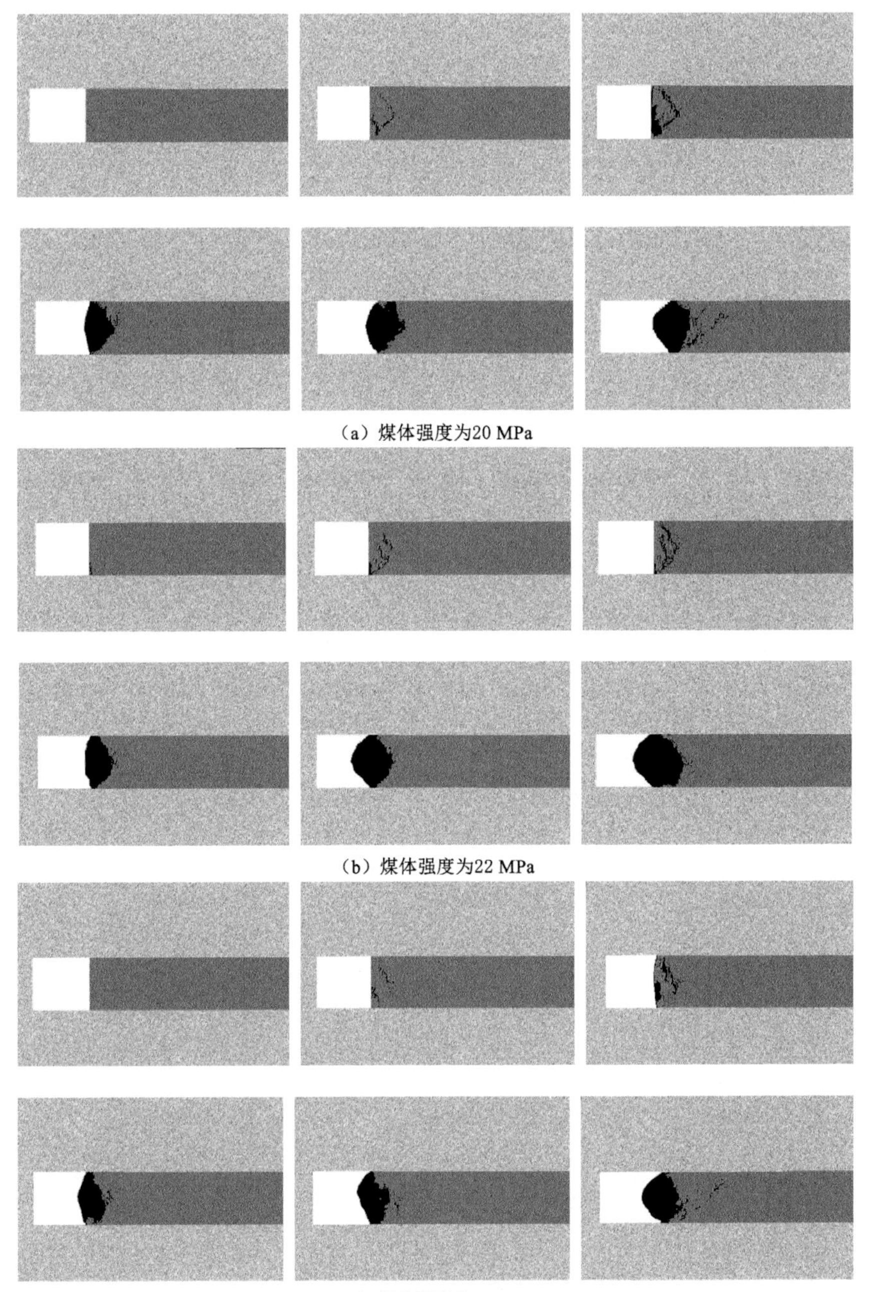

（a）煤体强度为20 MPa

（b）煤体强度为22 MPa

（c）煤体强度为24 MPa

图 5-8　煤与瓦斯突出全过程模拟图

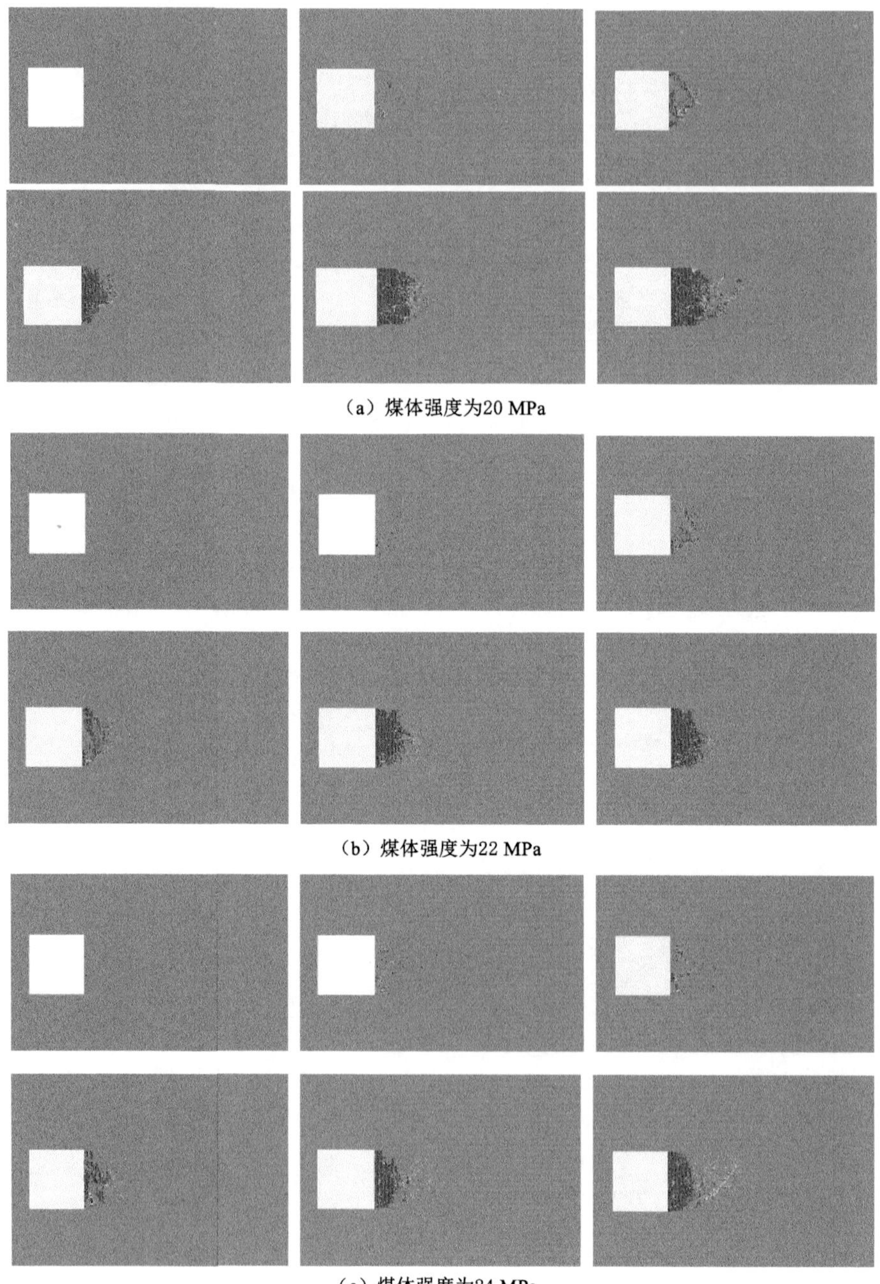

（a）煤体强度为20 MPa

（b）煤体强度为22 MPa

（c）煤体强度为24 MPa

图 5-9　煤与瓦斯突出全过程 AE 事件分布图

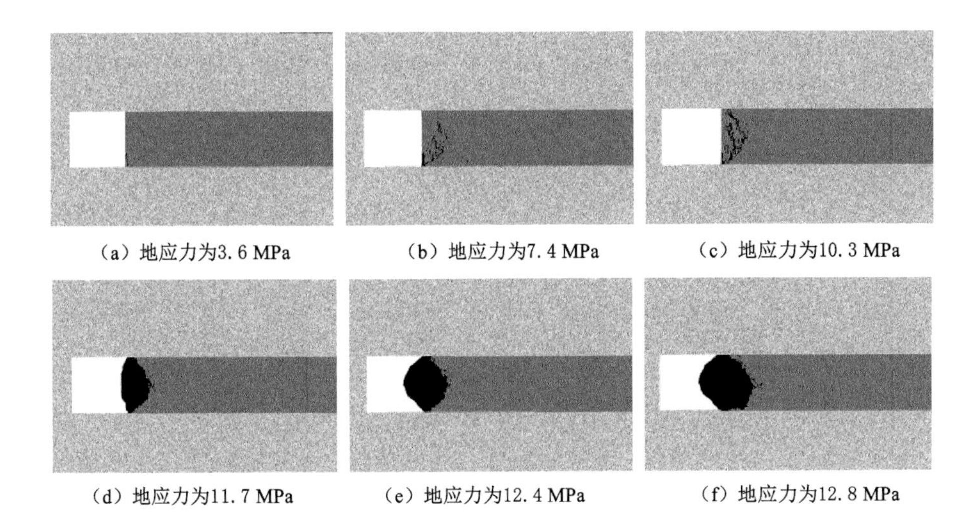

图 5-10　煤与瓦斯突出全过程模拟图

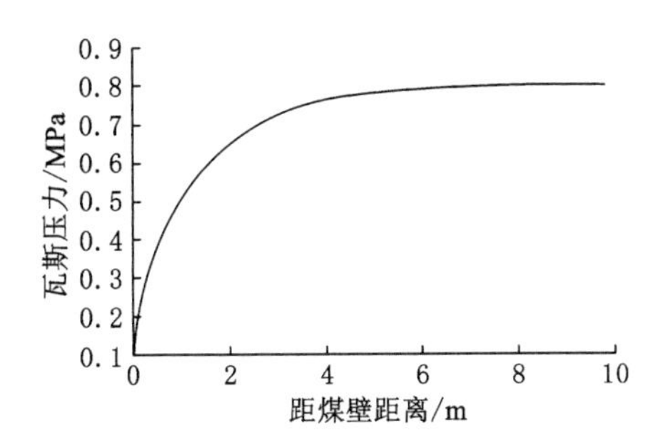

图 5-11　工作面前方瓦斯压力分布图

7.4 MPa 时，煤体变形区域显著增大，并开始出现局部破坏区域，进而在煤壁前方出现比较明显的变形破坏区，且较前一阶段有扩大趋势，煤壁向前稍有凸起现象，如图 5-10(b)所示；当煤体所受地应力增加至 10.3 MPa 时，变形破坏区域进一步扩大，煤壁凸起现象略有增大，如图 5-10(c)所示；当煤体所受地应力增加至 11.7 MPa 时，煤体变形破坏区域形成完整的封闭区域，而且煤壁向外鼓起明显，此时，煤体在瓦斯压力和地应力的综合作用下开始向外喷出煤粉和瓦斯，诱发煤与瓦斯突出，如图 5-10(d)所示；随着煤体所受地应力的进一步增大，在突出煤粉和瓦斯带动的条件下，新暴露的煤体与向外不断涌出的瓦斯为了释放更多的能量，开始不断向外喷出瓦斯和煤粉，直至在地应力和瓦斯压力的综合作用下，破碎煤粉和瓦斯全部喷出，至此，煤与瓦斯突出完成，如图 5-10(e)、(f)所示。

同时，通过图 5-11 还可以看出，在煤与瓦斯突出完成时，在工作面前方约 9.1 m 处为瓦斯压力卸压区域，亦即此部分煤体内的瓦斯是在不断地向气体压力低的方向（巷道突出口方向）涌出的，煤体内部瓦斯伴随着其所受地应力的变化不断解吸瓦斯并向气体压力低的方向运移，在瓦斯向外不断运移的过程中，瓦斯压力对煤与瓦斯突出亦起了一定的促进作用。

由以上分析可以看出，在瓦斯压力和煤体强度相同的条件下，含瓦斯煤体所受地应力越大，越容易诱发煤与瓦斯突出。可见，在具有煤与瓦斯突出危险性的矿井中，煤层埋藏深度越大，煤与瓦斯突出危险性越大。

5.3 煤与瓦斯突出数值模拟演化过程分析

数值模拟采用平面应变模型进行分析，模型尺寸为 15 m（长）×10 m（宽），划分为 300×200 个单元，以初始瓦斯压力为 0.70 MPa、煤体强度为 22 MPa 的含瓦斯煤体为研究对象，来模拟在逐步增加外部应力的条件下煤与瓦斯突出孕育、发生、发展和终止的全过程。其中，煤体受初始水平应力 $\sigma_h=2$ MPa、垂直应力 $\sigma_v=2$ MPa，数值模拟计算开始后，设定掘进工作面向前推进一个循环（循环进度为 1 m），即数值模型一次性开挖 20 个单元，将煤体前方 1 m 厚岩层一次性打开，并对数值模型以 2 MPa 的应力梯度进行逐步加载。图 5-12 为数值模型在开挖后外部应力逐步增加的过程中煤与瓦斯突出数值模拟全过程图，图 5-13 为数值模拟过程中工作面前方瓦斯运移规律曲线图，图 5-14 为突出前工作面前方三维应力分布图。

综合分析图 5-12～图 5-14 可知，数值模拟计算开始后，随着单元体的开挖，含瓦斯煤体的自由弱面发生变化，新的自由弱面暴露，工作面前方含瓦斯煤体所受应力发生变化并重新分布，随着煤体所受应力的逐步增加，煤体开始发生变形破坏直至完成煤与瓦斯突出。整个过程可以分为以下几个阶段：

(1) 初始受压阶段：煤体所受应力由 2 MPa 增加至 8 MPa 期间，受煤体的非均匀性和双重孔隙裂隙介质原因及开挖的影响，煤体内部产生大量的原生裂隙、节理等弱结构面。此阶段煤体处于压实阶段，主要表现为原生裂隙的闭合与压密及少量新生裂隙的产生，在自由弱面附近的弱结构面处开始出现少量裂纹，且形成一近似椭球体的裂纹区，但此时煤体仍处于完好状态，并未发生明显的变形破坏，如图 5-12(a)所示。同时，在工作面煤壁前方约 1.2 m 的范围内有游离态瓦斯开始向气体压力较低的方向（即煤壁方向）运移，瓦斯压力稍有变化，如图 5-13所示。

(2) 弹性变形阶段：随着煤体所受应力的逐步增加（增加至 10.4 MPa），原

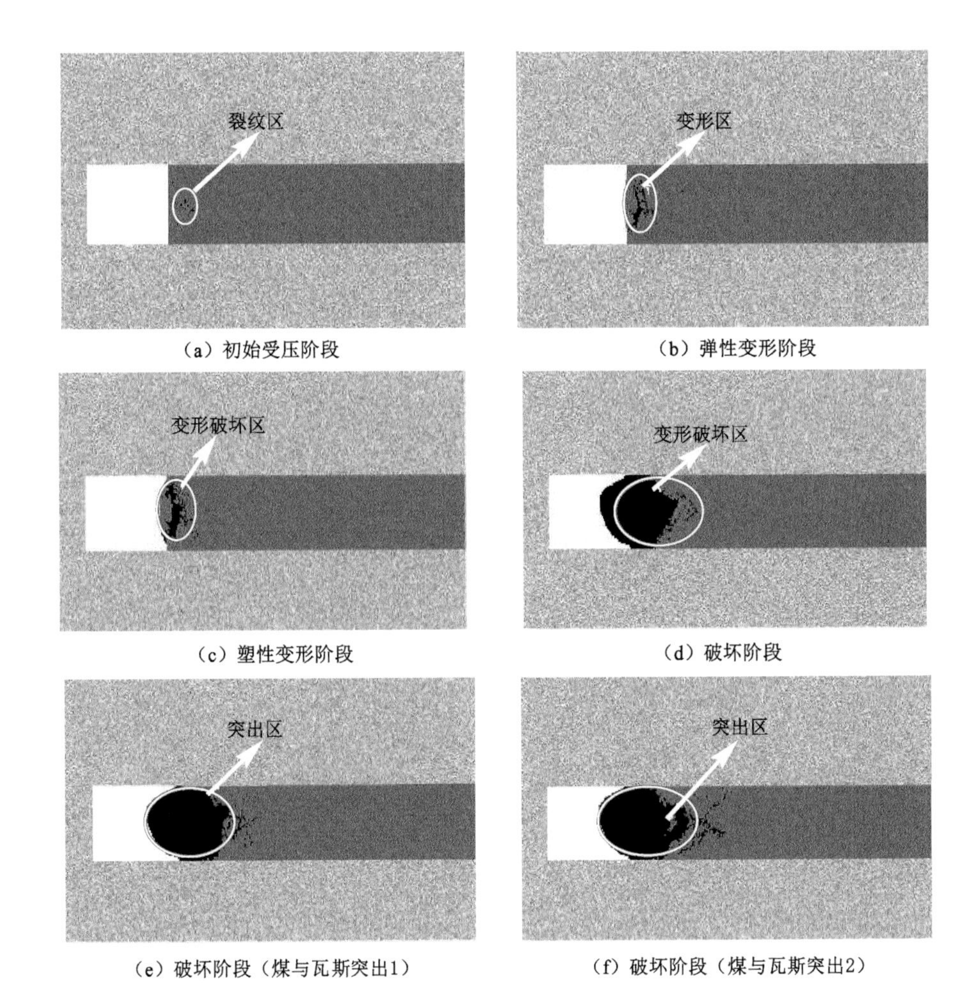

（a）初始受压阶段　（b）弹性变形阶段　（c）塑性变形阶段　（d）破坏阶段　（e）破坏阶段（煤与瓦斯突出1）　（f）破坏阶段（煤与瓦斯突出2）

图 5-12　煤与瓦斯突出过程数值模拟图

生裂隙进一步压密，煤体开始发生损伤变化，裂纹增多并开始扩张、贯通，煤体出现变形，形成较小的椭球体变形区域，如图 5-12(b)所示。由于应力的变化与裂纹的增加，煤体内部吸附态瓦斯开始解吸，同时，游离态瓦斯含量增加，并继续向气体压力较低的方向运移，瓦斯运移范围增加到距离煤壁前方约 1.5 m 的范围内，如图 5-13 所示。由于瓦斯气体在煤体内由里向外运动，瓦斯对煤体产生了一定的拉应力作用，同时，随着煤体所受地应力的增加，煤体所受压应力不断增加，拉应力变化范围不大，受开挖的影响，水平应力对煤体的影响甚微，如图 5-14所示。含瓦斯煤体在其所受压应力和水平拉应力及瓦斯运移产生的拉应力的共同作用下，煤壁开始向外凸起，并出现劈裂现象，如图 5-12(b)所示。

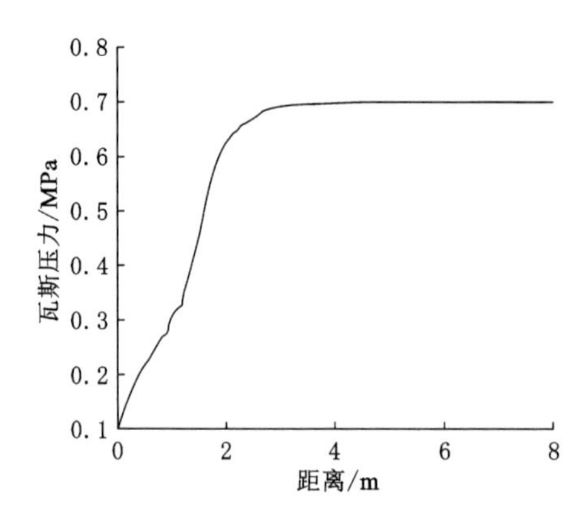

图 5-13　工作面前方瓦斯运移规律曲线图

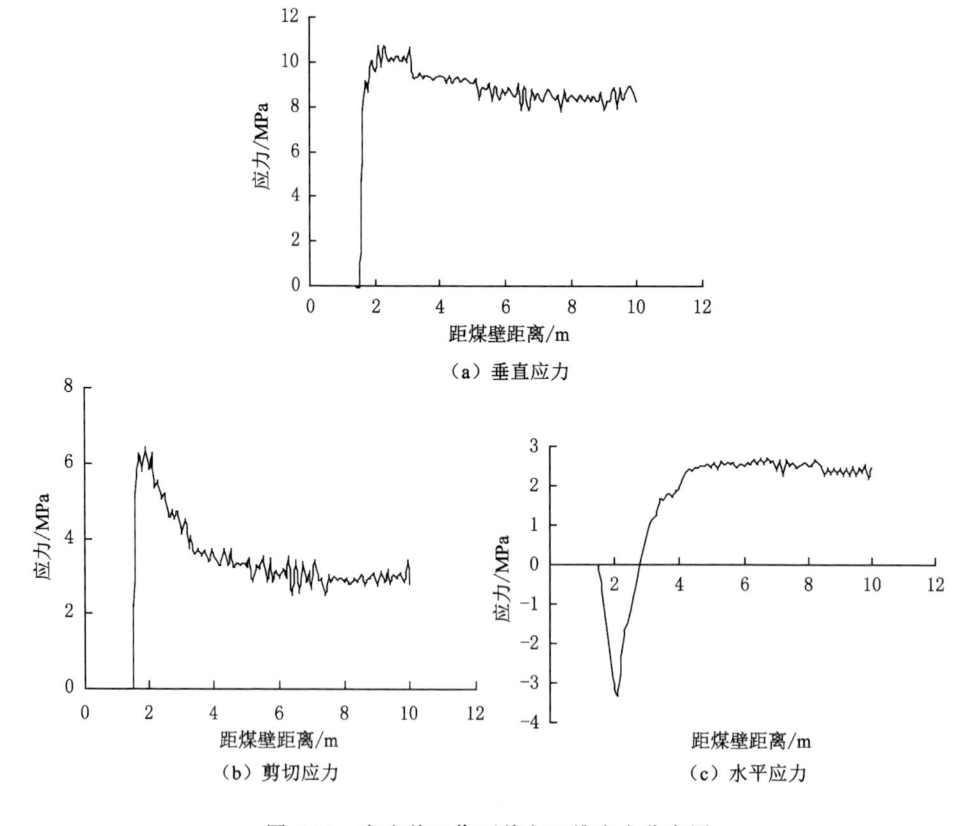

图 5-14　突出前工作面前方三维应力分布图

(3) 塑性变形阶段：随着煤体所受应力持续增加到 11.6 MPa，煤体变形破坏程度加大，新的自由弱面出现并呈扩大趋势，更多的新生裂纹产生、扩张和贯通，并出现汇合，裂隙间的相互作用不断增强，煤体变形破坏区域增大，形成较大的椭球体变形破坏区，如图 5-12(c)所示，说明煤体除了有主破裂面外，同时伴随着更多的次生裂隙的形成。同时，随着煤体所受应力的增加，瓦斯解吸速度加快，更多的吸附态瓦斯解吸为游离态瓦斯，由于自由弱面附近的气体压力较小，而煤体内部游离态瓦斯含量的大量增加，使得二者之间存在着较大的气体压力差，煤体内部瓦斯开始迅速向气体压力低的自由弱面附近运移，瓦斯运移区域扩大到煤壁前约 2 m 的范围内，如图 5-13 所示，由于游离态瓦斯的增加和运移区域的不断扩大，瓦斯运移产生的拉应力进一步增大。随着煤体所受应力的增大，在工作面前方 4 m 左右范围内的垂直应力主要表现为压应力，而剪切应力和水平应力则较小，煤体主要在压应力的作用下发生变形破坏，同时，由于受大量游离态瓦斯向外运移产生的拉应力和煤体所受水平拉应力的作用，含瓦斯煤体在压应力和拉应力的共同作用下加快变形破坏速度，煤壁向外凸出更加显著，椭球体变形破坏区域基本形成，并出现向外挤出或抛掷破碎煤体的现象。

(4) 破坏阶段：随着煤体所受应力增加至 12.4 MPa，煤体变形破坏区域达到最大，大量的破碎煤体与瓦斯开始迅速向外喷出，变形破坏区域形成了最大的椭球体结构，如图 5-12(d)所示。同时，在煤体所受应力突然释放的情况下，瓦斯快速向外运移，如图 5-13 所示，煤体在综合作用下引起突发性变化，最终破坏突出口自由弱面而诱发煤与瓦斯突出。此时，随着煤体所受垂直压应力、水平拉应力及瓦斯压力的综合作用，其应力峰值不断向煤体深部运移，伴随着新的自由弱面的出现，煤体深部亦出现变形破坏，深部煤体和瓦斯开始迅速喷出，并最终在综合作用下破坏新的自由弱面而诱发煤与瓦斯突出，如图 5-12(e)、(f)所示，直至煤体所受地应力和瓦斯压力达到新的平衡状态时，煤与瓦斯突出停止。

综上所述，在煤与瓦斯突出孕育、发生、发展和终止的全过程中，含瓦斯煤体受地应力和瓦斯压力的共同作用而变形破坏，裂隙不断增加并扩张、贯通、汇合，煤体内部吸附态瓦斯开始解吸为游离态瓦斯，游离态瓦斯含量增加，含瓦斯煤体孔隙压力增大，进而促使煤体内部游离态瓦斯开始向气体压力较低的方向(即突出口自由弱面处)运移，煤体由其所受的垂直压应力作用逐步转变为由瓦斯运移产生的拉应力、水平拉应力和压应力等的综合作用，最终在拉应力和压应力的综合作用下变形破坏并开始向外释放能量，造成煤与瓦斯不断向外抛掷，进而诱发煤与瓦斯突出，直至出现新的平衡状态。

5.4 本章小结

（1）瓦斯压力为煤与瓦斯突出提供了动力源。在煤与瓦斯突出的全过程中，游离态瓦斯在煤体内的运移为煤体的破坏提供了一定的拉应力，加快了煤体的破坏与破碎煤体的喷出；随着瓦斯压力的不断增大，煤体破坏规模、破坏程度和突出程度及强度明显增加，瓦斯压力越大，其破坏程度及突出规模和强度也越大，可见，瓦斯压力对煤与瓦斯突出起到了加速作用。

（2）地应力在突出全过程中起了决定性的主导作用。随着煤体的开挖，新的自由弱面出现，工作面前方煤壁所受应力发生改变，在不断变化的应力作用下，煤体变形破坏、煤壁向自由弱面方向凸起，少量煤体被压出；随着地应力的不断增加，煤体内部积蓄更多的能量，破碎煤体在瓦斯压力的作用下，不断向外喷出粉煤和瓦斯，进而对积蓄能量进行释放，直至达到新的平衡状态。

（3）突出口煤岩体强度对煤与瓦斯突出起到了阻碍作用。随着突出口煤岩体强度的增加，在相同条件下，其突出难度增加，突出强度和突出规模在不同程度上有所减小。

（4）在煤与瓦斯突出完成前，工作面煤壁前方煤体内形成了一定区域的椭球体变形破坏区域和瓦斯压力卸压区域；煤体在综合应力作用下变形破坏，并形成了椭球体变形破坏区域直至煤与瓦斯突出完成，与此同时，煤体内部吸附态瓦斯解吸为游离态瓦斯，向气体压力较低的方向运移，形成了瓦斯压力卸压区；过程中伴随着更多游离态瓦斯的运移，产生了一定的瓦斯拉应力作用，加速了煤体的变形破坏，二者相互作用，最终在综合作用下诱发煤与瓦斯突出。

第 6 章　煤与瓦斯突出判断准则工程应用研究

综合研究结果可以看出，煤与瓦斯突出主要受瓦斯压力、地应力和煤岩体物理力学性质的影响，煤与瓦斯突出的防治实质上就是消除或减弱突出的条件。结合煤与瓦斯突出判断准则可知，只要减小这三个因素中的一个或几个即可达到防突的效果。

6.1　煤与瓦斯突出判断准则分析

6.1.1　工程背景

我国是煤与瓦斯突出最为严重的国家之一，据统计，我国煤矿煤与瓦斯突出事故数累计占全世界煤与瓦斯突出事故总数的 70%～80%，自 1950 年 4 月 20 日吉林辽源矿务局富国矿西二坑第一次发生煤与瓦斯突出以来，已经有近 300 座煤矿发生过煤与瓦斯突出事故，累计达数万次，死亡数千人。

多年来，广大学者们通过不断地探索与研究，在煤与瓦斯突出预测方面已经取得了一定成就，大大降低了煤与瓦斯突出事故的发生概率。然而，现阶段的煤与瓦斯突出预测仍然停留在突出与不突出的层面上，导致许多矿井在采取了防突措施后，仍有可能会发生煤与瓦斯突出，因此，合理预测和判断煤与瓦斯突出十分必要。为此，需实现防突措施的合理化和有效化，根据突出煤层可能突出的实际情况提出有针对性的防突措施，对矿井实行分级管理，合理地投入人力、物力与财力，减少防突工作的盲目性，最终实现安全生产。

6.1.2　煤与瓦斯突出判断结果分析

研究结果表明，当含瓦斯煤体所受体积应力 Θ 大于或等于突出口煤岩体抵抗强度的指数函数 $a\exp(b\sigma_{dk})$ 时，即会诱发煤与瓦斯突出，且煤体内部瓦斯压力 p 与体积应力 Θ 呈幂函数增长关系，见式(3-6)。体积应力 Θ 可由煤体所受水平地应力和垂直地应力进行换算，突出口自由弱面煤岩体抵抗强度可近似取突出口自由弱面煤岩体强度。

根据式(3-6),笔者对我国7座煤矿的突出危险性进行了预测,表6-1为这些煤矿突出危险性预测指标和预测结果对照表。

表6-1 7座煤矿突出危险性预测指标和预测结果对照表

序号	煤矿名称	瓦斯压力/MPa	煤体强度/MPa	埋藏深度/m	垂直地应力/MPa	平均水平地应力/MPa	预测突出情况	实际突出情况
1	寺家庄煤矿	0.40	21.2	550	14.3	18.1	临界突出	突出
2	开元煤矿	0.70	20.0	410	10.7	13.4	非突出	非突出
3	薛湖煤矿	1.12	9.0	430	11.2	15.2	突出	突出
4	淮南潘一矿	3.02	12.0	660	17.2	19.4	突出	突出
5	平煤十一矿	0.58	22.0	965	25.1	30.3	突出	突出
6	平煤八矿	1.67	23.0	651	16.9	18.6	临界突出	突出
7	梁北煤矿	1.20	3.0	690	17.9	21.8	突出	突出

由表6-1可知,根据式(3-6)计算得到的预测结果与实际情况基本相符。虽然寺家庄煤矿和平煤八矿理论计算结果为临界突出,但计算结果已经说明煤体所受体积应力与突出口煤体抵抗强度的指数函数十分接近,说明此时煤体已具有突出危险性,在一定条件下易诱发煤与瓦斯突出,需采取措施进行消突。

6.2 水力割缝防突工程应用

水力割缝是指利用煤层瓦斯钻孔通过高压水射流在钻孔两侧进行割缝,从而有效增加煤体暴露面和卸压范围,改变煤体特性,以期增加煤层透气性和提高瓦斯抽采效率,进一步达到消除煤与瓦斯突出的能力[183-186]。其主要工作原理是:通过高压水射流切割作用在煤体中切割出具有一定长度和宽度的裂缝,裂缝周围的煤体在自重和原始地应力的作用下变形破坏,形成以割缝为中心的一个卸压区,卸除煤体各个方向的部分应力,煤体所受应力重新分布,形成了新的应力区,并与相邻的卸压区形成应力叠加,加速了周围煤体的变形破坏,促使煤层裂隙增加,人为地扩大了煤体的暴露面积,使煤体中裂隙及微裂纹增加,提高了煤体的透气性,加速了瓦斯的解吸,促使瓦斯流动速度加快,最终达到卸压增透的目的[163,187-192]。

6.2.1　试验矿井工作面概况

6.2.1.1　工作面简介

试验地点为寺家庄煤矿 15203 工作面回风巷，距离巷道口约 400 m，该工作面位于讲堂河的西北部，东部为 15201 工作面，西部、北部和南部均未进行采掘活动，该区域为突出危险区域。在掘进过程中，15201 进风副巷曾发生过煤与瓦斯突出事故，突出后瓦斯浓度达 26.35%，突出瓦斯量约 28 953 m^3，突出煤量约 281.4 t；15203 回风巷内错尾巷第四横贯也曾发生过煤与瓦斯突出事故，突出后迎头最大瓦斯浓度达 25.2%，突出瓦斯量约 49 000 m^3，突出煤量约 260 t。

15203 工作面布置图和综合柱状图分别如图 6-1 和图 6-2 所示。

6.2.1.2　煤层地质情况简介

开采煤层为 15 号煤层，平均厚度为 5.5 m，具有突出危险性，透气性较差，平均埋深约为 550 m，煤层瓦斯压力约为 0.40 MPa，瓦斯含量为 12～15 m^3/t，煤体抗压强度为 21.2 MPa。

15 号煤层整体为北高南低的单斜构造，有波状起伏，煤层倾角平均为 6°；水文地质条件简单，主要充水来源为顶板淋水，出水岩层为 K_2、K_3 灰岩，正常涌水量为 2～3 m^3/h。

6.2.1.3　煤与瓦斯突出判断结果

根据 15 号煤层实际赋存情况，将各参数代入式(3-6)可得：$\Theta=50.5$ MPa，$a\exp(b\sigma_{dk})=52.4$ MPa，$p=0.76$ MPa。

可见，煤体所受体积应力 Θ 与突出口抵抗强度的指数函数 $a\exp(b\sigma_{dk})$ 非常接近，说明该煤层已经具有突出危险性，在受构造应力或人为采掘活动的影响下容易诱发煤与瓦斯突出，需采取措施进行消突。

6.2.2　水力割缝防突工业性试验

6.2.2.1　水力割缝钻孔布置

本次试验选取地点为寺家庄煤矿 15203 工作面回风巷，试验设计钻孔孔深为 100 m，孔口 3 m 段孔径为 140 mm，其余段孔径均为 100 mm，钻孔间距为 3 m，距离底板高度为 1.0～1.6 m，布置方式为近水平仰孔布置，以便于水力割缝时排水、排渣等。水力割缝时设计射流压力为 40 MPa。

完成水力割缝工作后，采用直径为 60 mm 封孔管进行封孔，并与瓦斯抽采系统直接连接，进行瓦斯抽采。

6.2.2.2　水力割缝技术测试结果

为了对水力割缝防突技术进行检验，结合影响煤与瓦斯突出的主要因素，根

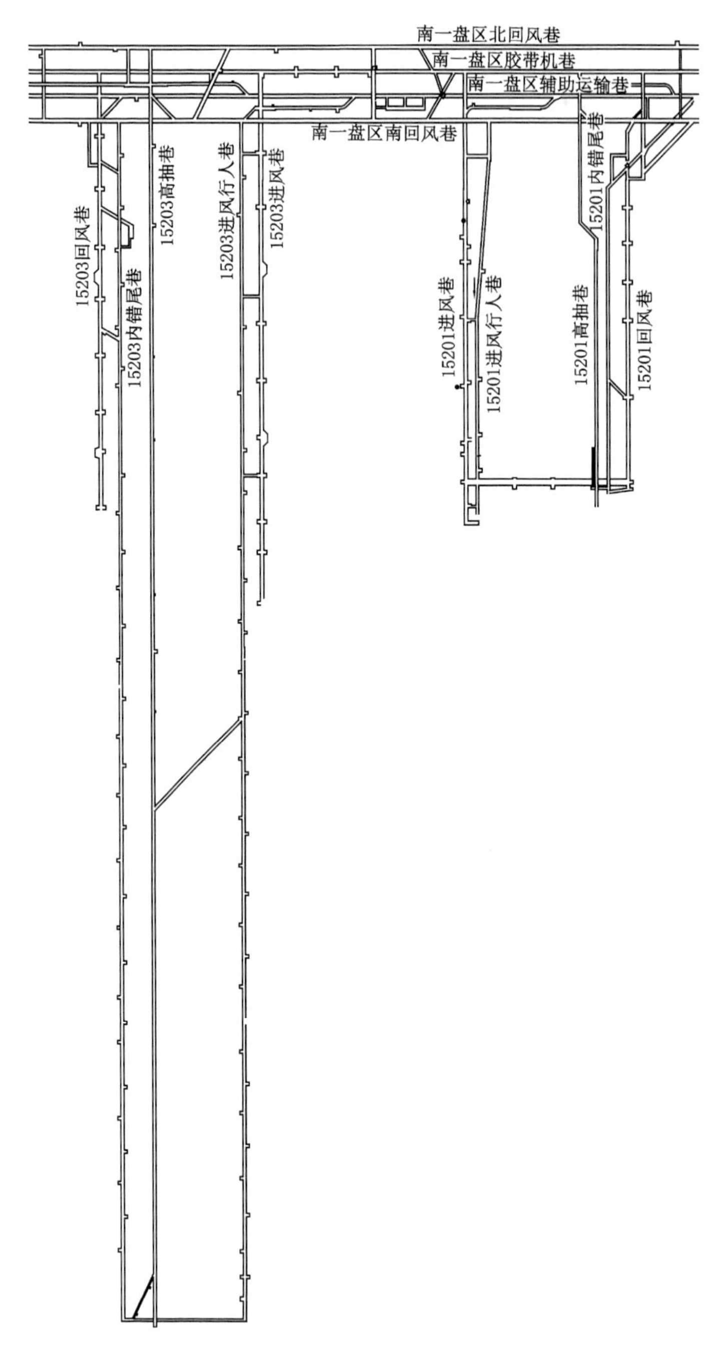

图 6-1　15203 工作面布置图

地质系统		岩层编号	岩层柱状	岩层厚度/m	岩层累计厚度/m	岩层名称	岩性描述
系统	组段						
石炭系上石炭统 C_3	太原组 C_3t	1		0.5	88.8	9#煤（上）	暗淡型煤
		2		3.5	88.3	泥岩	黑灰色，水平层理，含植物根茎化石
		3		1.2	84.8	9#煤	暗淡型煤
		4		5.2	83.6	细砂岩	深灰色，具层理，成分以石英为主
		5		2.0	78.4	泥岩	黑灰色，水平层理，含植物根茎化石
		6		3.0	76.4	石灰岩(K_4)	深灰色，断口参差状，泥质胶结
		7		0.1	73.4	11#煤	暗淡型煤
		8		2.5	73.3	泥岩	黑色，具层理，含植物碎片化石
		9		0.4	70.8	12#煤	暗淡型煤
		10		6.5	70.4	细砂岩	深灰色，水平层理，含植物根茎化石
		11		6.3	63.9	砂质泥岩	深灰色，断口参差状
		12		4.2	57.6	石灰岩(K_3)	深灰色，质纯、坚硬，含动物贝壳化石
		13		0.6	53.4	13#煤	半光亮型煤
		14		0.8	52.8	泥岩	黑色，水平层理，含植物根茎化石
		15		11.0	52.0	细砂岩	灰色，泥质胶结，含泥岩薄层
		16		2.6	41.0	泥岩	深灰色，水平层理，含植物根茎化石
		17		4.6	38.4	石灰岩(K_2)	深灰色，块状，含方解石石脉
		18		0.3	33.8	14#煤（上）	粉末状
		19		5.5	33.5	泥岩	深灰色，块状，含黄铁矿层，节理发育
		20		8.5	28.0	细砂岩	灰白色，泥质胶结，含泥岩薄层
		21		4.5	19.5	砂质泥岩	黑灰色，夹粉砂岩条带，含片状黄铁矿
		22		5.5	15.0	15#煤	光亮至半光亮型煤
		23		3.5	9.5	砂质泥岩	黑灰色，含植物根茎化石，节理发育
		24		6.0	6.0	细砂岩	深灰色，块状，含菱铁质，具层理

图 6-2　综合柱状图

据现场水力割缝试验，对实施水力割缝后钻孔内的瓦斯变化情况进行统计、分析与研究，将割缝钻孔与瓦斯抽采系统连接，并与普通瓦斯抽采钻孔进行比较，分别测得了普通钻孔与水力割缝钻孔的瓦斯流量、瓦斯抽采浓度、负压等数据，并对百米钻孔纯瓦斯涌出量和百米钻孔累计纯瓦斯涌出量等进行统计，其结果如表 6-2 所列。

表 6-2　瓦斯抽采效果对照表

时间/d	普通抽采钻孔					水力割缝钻孔				
	流量/(m^3/min)	浓度/%	负压/kPa	百米钻孔纯瓦斯涌出量/(m^3/hm)	百米钻孔累计纯瓦斯涌出量/(m^3/hm)	流量/(m^3/min)	浓度/%	负压/kPa	百米钻孔纯瓦斯涌出量/(m^3/min)	百米钻孔累计纯瓦斯涌出量/(m^3/hm)
1	1.882	10.8	34.6	0.067 752	97.562 88	1.778	33.6	34.1	0.440 296 423	634.026 850
2	1.564	12.0	6.7	0.062 560	187.649 28	1.636	25.8	6.7	0.284 117 656	1 043.156 274
3	1.842	12.0	37.3	0.073 680	293.748 48	1.927	26.5	35.9	0.347 418 185	1 543.438 461
4	1.944	12.3	26.1	0.079 704	408.522 24	1.977	27.0	25.9	0.358 227 629	2 059.286 248
5	1.992	12.0	23.6	0.079 680	523.261 44	2.237	29.9	23.0	0.485 939 924	2 759.039 739
6	2.831	13.8	25.9	0.130 226	710.786 88	2.756	32.8	25.3	0.615 377 229	3 645.182 948
7	3.246	15.3	35.7	0.165 546	949.173 12	3.248	29.5	34.4	0.601 767 172	4 511.727 676
8	3.277	13.1	37.3	0.143 096	1 155.230 88	3.248	25.2	35.6	0.510 968 067	5 247.521 693
9	3.199	11.2	35.2	0.119 429	1 330.571 66	3.192	24.5	33.8	0.519 951 072	5 993.933 229
10	3.253	12.1	36.9	0.131 204	1 518.345 24	3.229	24.5	34.6	0.506 905 657	6 726.191 497
11	3.169	9.8	34.5	0.103 521	1 668.394 34	3.165	23.8	33.1	0.521 959 230	7477.666 363
12	3.203	11.3	34.8	0.120 646	1 841.178 72	3.199	26.5	33.4	0.579 810 795	8 311.549 117
13	3.268	12.5	36.9	0.136 167	2 035.992 08	3.244	24.9	35.3	0.513 535 287	9 052.729 452
14	3.218	13.0	35.1	0.139 447	2 236.494 82	3.201	26.1	33.5	0.533 700 920	9 822.787 183

注：1 hm=100 m。

6.2.3 水力割缝效果分析

通过水力割缝工业性试验现场研究和理论研究结果可以看出，水力割缝不仅提高了煤层透气性和瓦斯抽采率，而且改变了煤体结构，释放了部分地应力。然而，由于现场试验条件的限制无法对地应力及其变化规律进行有效测试，因此，本次研究结合 15 号煤层的实际赋存条件及其煤岩体物理力学特性，对水力割缝围岩应力演变过程和卸压效果进行数值模拟分析，并对水力割缝瓦斯抽采进行理论计算和效果分析。

6.2.3.1 水力割缝卸压数值模拟研究

结合 15 号煤层的实际赋存条件及其煤岩体物理力学特性，笔者采用平面应变进行数值分析。模型尺寸为 16 m(长)×10 m(宽)，划分为 320×200 个单元，模型设计分为 3 层，自上而下分别为顶板、煤层和底板，其中顶板厚度为 2 m，煤层厚度为 5.5 m，底板厚度为 2.5 m，并假设模型边界在模拟过程中不发生变形破坏。设定数值模型的煤层顶板与底板皆为透气性极差的岩层，即瓦斯气体的流量 $q=0$，在煤层距离底板 1.5 m 处的位置布置钻孔进行水力割缝，钻孔间距为 3 m，煤层瓦斯压力为 0.4 MPa，煤层顶板与底板的弹性模量和抗压强度均远大于煤层的弹性模量和抗压强度，建立如图 6-3 所示的水力割缝数值模拟计算模型，数值模型基本参数见表 6-3。

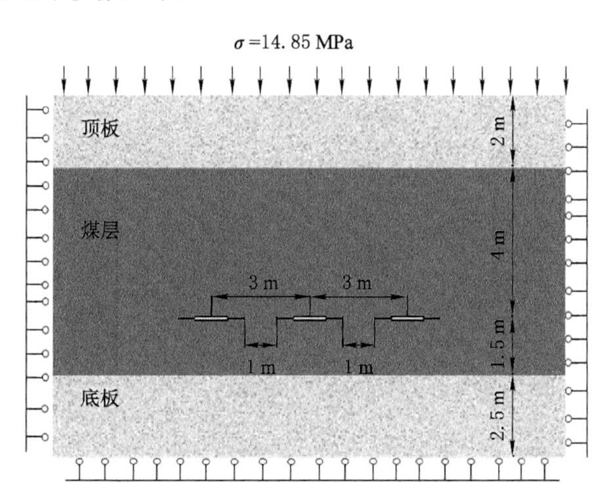

图 6-3　水力割缝数值模拟计算模型

表 6-3　数值模型基本参数表

序号	力学参数	煤层	顶、底板
1	均质度 m	3	10
2	弹性模量均值 E_0/GPa	4.7	50
3	抗压强度均值 σ_0/MPa	21.2	200
4	泊松比 μ	0.24	0.25
5	透气系数/[m^2/(MPa^2 · d)]	0.175	0.001
6	瓦斯含量系数 A	2	0.001
7	孔隙压力系数 α	0.5	0.001

对煤体实施水力割缝后，煤体内产生一条人为的切割缝槽，图 6-4 为水力割缝后数值模拟围岩应力分布图，图 6-5 为水力割缝后数值模拟 AE 事件分布图。

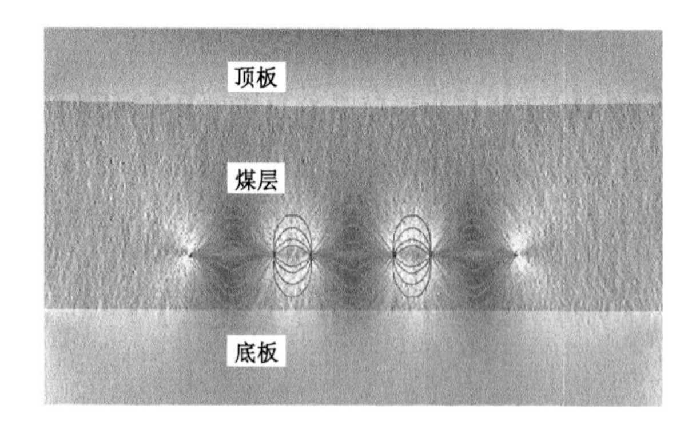

图 6-4　水力割缝后数值模拟围岩应力分布图

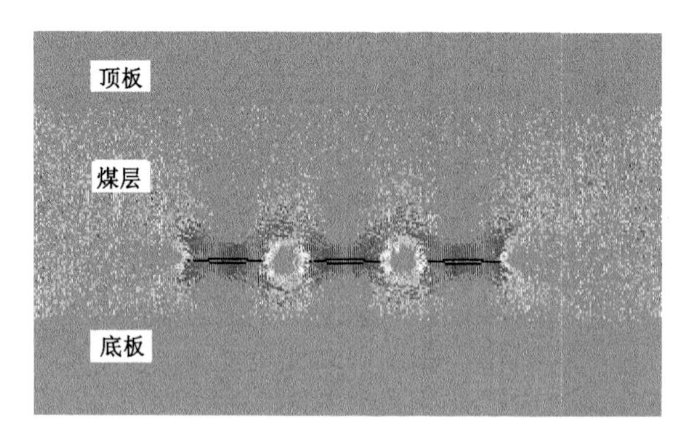

图 6-5　水力割缝后数值模拟 AE 事件分布图

分析图 6-4 可以看出：受高压水射流的切割和冲击作用，在钻孔两侧形成了一条人为的切割缝槽，切割缝槽中的煤体在高压水射流作用下破坏并随着水流冲出钻孔，在煤体内形成一定的孔洞空间，人为地增大了煤体的暴露面积，促使煤体所受地应力改变并重新分布，在两个割缝区域中间煤柱地带形成了应力集中区，在割缝上方和下方形成了应力释放区(即卸压区)。可见，由于水力割缝对煤体的破坏作用，煤体在一定范围内提前卸压，消除了工作面前端的应力集中现象，使得煤体基本处于卸压状态。

根据式(3-6)可知，该区域 15 号煤层若要发生煤与瓦斯突出，所需体积应力约为 52.4 MPa。由图 6-4 分析可知：在距离水力割缝缝槽上下各约 0.9 m 范围内煤体所受体积应力约为 27 MPa，降低了约 48.5%；上下各 1.3 m 范围内煤体所受体积应力约为 35 MPa，降低了约 33.2%；上下各 1.8 m 范围内煤体所受体积应力约为 43 MPa，降低了约 17.9%；上下各 3.3 m 范围内煤体所受体积应力约为47 MPa，降低了约 10.3%；上下各 4.2 m 范围内煤体所受体积应力约为 52.4 MPa，基本达到原岩应力。可见，实施水力割缝后，在切割缝槽上下约 4.2 m范围内的煤体得到了卸压，改变了煤体强度，起到了消突的作用。

由图 6-5 可以看出：在实施水力割缝后，在切割缝槽上下方一定范围内形成了以拉应力为主的区域，在远离切割缝槽处仍表现为以压应力为主；在两个钻孔中间的煤柱中，若煤柱尺寸较大，其中心部分仍表现为原始地应力，其周围则表现为拉应力和压应力结合。可见，通过水力割缝，促使煤体所受原始地应力发生变化，在切割缝槽上下方的一定范围内形成了以拉应力为主、压应力为辅的应力区域，远离切割缝槽则表现为原始地应力。

综上所述，通过对煤体实施水力割缝后，在煤体一定范围内产生了应力降低区，有效释放了地应力，使煤体所受体积应力 Θ 远小于突出口抵抗强度的指数函数 $a\exp(b\sigma_{dk})$，起到了消突的作用。

6.2.3.2　水力割缝瓦斯抽采效果分析

试验通过对不同瓦斯抽采效果的比较来说明水力割缝技术对防止煤与瓦斯突出的作用，利用钻孔瓦斯抽采率 Z、百米钻孔纯瓦斯涌出量 q 和抽采增长率 C_Z 等进行分析研究。

钻孔瓦斯抽采率表达式为：

$$Z = \frac{V}{mr_g} \tag{6-1}$$

式中　Z——钻孔瓦斯抽采率，%；

　　V——钻孔纯瓦斯抽采量，m^3；

　　m——钻孔抽采区控制煤量，t；

r_g ——初始瓦斯含量，m^3/t。

百米钻孔纯瓦斯涌出量表达式为：

$$q = \frac{Q}{L} \tag{6-2}$$

式中 q ——百米钻孔纯瓦斯涌出量，m^3/hm；

Q ——钻孔有效长度内实际涌出纯瓦斯量，m^3；

L ——有效涌出瓦斯量钻孔累计长度，hm。

抽采增长率表达式为：

$$C_Z = \frac{q_g}{q_p} \tag{6-3}$$

式中 C_Z ——抽采增长率，%；

q_g ——百米割缝钻孔纯瓦斯涌出量，m^3/hm；

q_p ——百米普通钻孔纯瓦斯涌出量，m^3/hm。

将表 6-2 的实测数据分别代入式(6-1) ～式 (6-3)，计算可得平均抽采增长率约为 4.91。

分析研究试验结果可知，通过水力割缝大大加强了瓦斯抽采的效果；且通过试验现场的研究发现，水力割缝技术提高了煤层透气性和瓦斯抽采率，对防治煤与瓦斯突出起到一定的作用，采用水力割缝技术后该区域再未发生过煤与瓦斯突出事故。

6.2.3.3 水力割缝防突效果分析

综合分析研究结果可以看出：水力割缝后产生切割缝槽，促使煤体中的裂隙及微裂纹增加，煤体原有应力平衡状态被打破，原生结构破坏，物理性质也随之发生了一定的变化；切割的缝槽周围形成大量的裂隙与微裂纹，并在地应力的作用下逐渐向四周扩展，甚至与相邻钻孔相互贯通，同时在裂隙扩展的过程中，煤体经历卸压、变形和体积膨胀的过程，从而降低了煤体的弹性势能，达到了煤体的自我解放。

煤体内部裂隙增多使得煤体暴露面积增加，导致煤体透气性增加，瓦斯解吸并释放；而切割缝槽和裂隙的增加扩大了瓦斯的流动路径、增加了瓦斯抽采的通道，进而增加了切割缝槽的卸压和瓦斯抽采的范围，减小了瓦斯排放阻力，改善了瓦斯流动条件，有效地提高了瓦斯的运移速率，促使煤体中残存瓦斯顺利排出，降低了煤体的瓦斯压力与瓦斯含量。由于大量瓦斯的解吸与释放，瓦斯潜能得到有效释放，使煤体自身的坚固性增加，煤体自身抵抗破坏能力增强，防突效果增强。

实施水力割缝后煤体所受地应力产生了卸压，且卸压效果较好，卸压后煤层处于安全区的范围之内，起到了消突的作用；由于水力割缝后产生切割缝槽和地应力变化，煤体发生一定程度的变形，弹性势能降低；同时，瓦斯解吸和释放速度加大，瓦斯压力降低，煤体自身的坚固性增加，抵抗强度增加。实施水力割缝对影响突出的三要素在不同程度上都进行了消除或减弱，达到了防突的目的。

6.3　本章小结

（1）利用煤与瓦斯突出判断准则对我国 7 座煤矿的突出危险性进行了理论预测，除两个数据与实际情况接近外，其余预测结果与实际情况完全一致，说明煤与瓦斯突出判断准则可靠性较高，具有一定的理论指导意义。

（2）通过现场工业性试验可以看出，水力割缝技术使煤体在一定范围内得到了较充分的卸压，改善了瓦斯的流动状态，提高了煤体透气性，瓦斯解吸、释放速度大大提高，缩短了瓦斯抽采时间，有效地消除了煤与瓦斯突出的危险性，保障了矿井的安全生产。

（3）通过研究结果可以看出，水力割缝技术可同时对影响煤与瓦斯突出的三要素在不同程度上进行消除或减弱，减小煤体所受的应力作用，增大煤体自身的抵抗强度，降低煤体内部瓦斯压力，对煤与瓦斯突出可起到有效的防治作用。

第7章　结论与展望

7.1　主要结论

本书在总结当前煤与瓦斯突出机理与防治工作的研究基础上，利用自主研制的“三维应力作用下煤与瓦斯突出模拟试验系统”，结合声发射技术和RFPA^{2D}- GasFlow数值模拟软件和工程应用等研究方法和手段，从煤与瓦斯突出的本质出发对煤与瓦斯突出的演化机制及防治技术进行了深入研究，提出了煤与瓦斯突出变形破坏结构模型与煤与瓦斯突出判断准则，揭示了瓦斯在煤体内的运移规律，讨论了突出口自由弱面煤岩体对煤与瓦斯突出的影响，得出如下主要结论：

(1) 自主研制了一套“三维应力作用下煤与瓦斯突出模拟试验系统”，利用该系统反演了含瓦斯煤体在完全封闭状态下受三维应力的作用而主动完成煤与瓦斯突出孕育、发生、发展和终止的全过程；实现了单向最大加载压力为30 MPa条件下各系统的密封性和可靠性及各监测系统的稳定性；实现了含瓦斯煤体三维轴向压力和侧向压力的均匀受力。

(2) 利用自主研制的“三维应力作用下煤与瓦斯突出模拟试验系统”，通过实验室物理模拟试验，研究了含瓦斯煤体受三维应力的作用开始变形破坏、裂隙增多并贯通，原吸附态瓦斯解吸为游离态瓦斯，孔隙压力增加，打破了瓦斯在煤体内的原有平衡状态，瓦斯随着增加的裂隙通道向气体压力较低的方向(即突出口自由弱面处)运移，煤体内部瓦斯不断增补、积聚，直至煤体内积聚的瓦斯不能以正常速度释放出去时，就诱发了煤与瓦斯突出。煤与瓦斯突出是一个复杂的综合作用过程，不仅受地应力和瓦斯压力作用的影响，还与煤岩体物理力学特性，尤其是突出口自由弱面煤岩体抵抗强度相关。地应力和瓦斯压力越大，突出口自由弱面煤岩体抵抗强度越小，越容易诱发煤与瓦斯突出。同时，地应力和瓦斯压力越大，突出煤量及其抛射距离也越大，突出后抛射煤量基本呈突出口处积聚较多，之后逐渐尖灭的趋势，且煤与瓦斯突出一般情况下都是发生在突出强度最大的时刻。

(3) 通过三维应力与孔隙压力作用下煤与瓦斯主动破坏突出口自由弱面煤岩体而完成煤与瓦斯突出的模拟试验研究，分析了体积应力、瓦斯压力和突出口自由弱面煤岩体抵抗强度之间的关系，提出了煤与瓦斯突出的判断准则：当含瓦斯煤体所受体积应力 Θ 大于或等于突出口自由弱面煤岩体抵抗强度的指数函数 $a\exp(b\sigma_{dk})$ 时，即会诱发煤与瓦斯突出，且煤体内部瓦斯压力 p 与体积应力 Θ 呈幂函数增长关系。

研究结果表明：在煤与瓦斯突出发生之前，煤体所受体积应力与突出口自由弱面煤岩体抵抗强度存在指数函数关系，其相关系数可达 0.984 0 以上；煤体内部瓦斯压力与其所受体积应力呈非线性幂函数增长关系，其相关系数达 0.974 4 以上，说明拟合程度较高，吻合较好。

(4) 通过对煤与瓦斯突出声发射演化过程和声发射特征的研究发现，含瓦斯煤体在三维应力作用下的变形破坏过程共经历了初始受压、弹性变形、塑性变形和破坏等 4 个阶段，声发射事件首先发生于离煤体中心位置较远的弱结构面处；随着三维应力的不断增加，声发射事件数也不断增加，且声发射事件数呈初期增加速度缓慢，之后增加速度加快，再到快速增加，最终又呈缓慢增长的趋势，直至煤与瓦斯突出完成为止；同时，在三维应力作用下，含瓦斯煤体的变形破坏区域基本为一近似椭球体变形破坏结构。

(5) 煤与瓦斯突出受瓦斯压力、地应力和煤岩体强度等因素综合作用的影响。瓦斯压力为煤与瓦斯突出提供了动力源，为煤体的破坏提供了一定的拉应力，并加速了煤体的破坏与破碎煤体的喷出，瓦斯压力越大其破坏程度及突出规模和强度也越大。地应力在煤与瓦斯突出孕育、发生、发展和终止的过程中起了决定性的作用，受人为采掘活动的影响，新的自由面暴露，工作面前方煤壁所受应力发生改变，煤体变形破坏，煤壁向外凸起，少量煤体被压出；随着地应力的持续改变、煤体内部变形破坏程度的加剧，破碎煤体在瓦斯压力的作用下，不断向外喷出粉煤和瓦斯，煤与瓦斯突出发生；煤岩体强度对煤与瓦斯突出起了阻碍作用，随着煤岩体强度的增加，突出难度增加，突出强度和突出规模也在不同程度上有所减小。

(6) 通过对煤与瓦斯突出孕育、发生、发展和终止的全过程进行数值模拟发现，工作面煤壁前方煤体内形成了椭球体变形破坏区和瓦斯压力卸压区，煤体在综合作用下变形破坏直至煤与瓦斯突出完成，在此过程中，煤体内部吸附态瓦斯解吸为游离态瓦斯后向气体压力低的方向(即突出口自由弱面方向)运移，形成了瓦斯压力卸压区，并且伴随着更多游离态瓦斯的解吸与运移，产生了一定的瓦斯拉应力作用，加速了煤体的破坏，在综合作用下诱发了煤与瓦斯突出。

(7) 通过对煤与瓦斯突出判断准则的工程验证、水力割缝卸压消突工业性试验和效果分析发现，采用水力割缝技术后煤体在一定范围内破碎，并得到较充分的卸压，提高了煤体的透气性，改善了瓦斯的流动状态，有效地消除了煤与瓦斯突出的危险性，保障了矿井的安全生产。水力割缝技术对影响煤与瓦斯突出的主要因素在不同程度上都进行了消除或减弱，减小了煤体所受的应力作用，降低了煤体内部瓦斯压力，消除了煤与瓦斯突出的危险性，可有效防治煤与瓦斯突出。

7.2　不足与展望

（1）利用自主研制的“三维应力作用下煤与瓦斯突出模拟试验系统”在实验室进行了三维应力和孔隙压力作用下煤与瓦斯主动式突出物理模拟研究，受物理模拟试验系统尺寸的限制，试验研究煤样尺寸较小，导致尺寸效应较难消除，此方面的研究还有待于对煤与瓦斯突出模拟试验系统进行改进和完善。

（2）通过三维应力作用下含瓦斯煤体主动破坏突出口自由弱面煤岩体而完成突出的物理模拟试验，分析了瓦斯压力、地应力和煤体强度等关键因素对煤与瓦斯突出的影响。然而，在工程现场中煤与瓦斯突出过程受众多因素的影响，且各影响因素间相互作用、相互制约，仅仅对这三个关键因素的分析还远远不够，这方面的研究还有待于对煤与瓦斯突出模拟试验系统进行改进，增加变量个数，提高试验结果精度，进而为煤与瓦斯突出和防治工作提供更加合理的理论研究和技术支持。

（3）对突出口自由弱面的煤岩体抵抗强度进行了初步探讨，此方面的研究还需对试验设备进行改进。

（4）数值模拟结果反映了煤与瓦斯突出是地应力、瓦斯压力和煤体强度共同作用的结果，研究了含瓦斯体在综合作用下的变形破坏全过程与瓦斯压力的变化情况。然而本书仅对瓦斯在煤体内部的运移情况进行了模拟分析，未对瓦斯在应力作用下解吸和瓦斯压力的变化规律进行模拟，此方面的研究还有待深入。

尽管本书的研究工作尚存在一定的不足，还需进一步的深入，但是从研究结果来看，本书的研究工作为煤与瓦斯突出防治的研究仍然提供了一定的理论和技术支撑，今后对该项工作的继续研究和水力割缝技术的进一步推广，期望可对煤与瓦斯突出的研究和治理形成一套较为完整的研究理论和技术支撑体系。

参考文献

[1] 霍多特 B B. 煤与瓦斯突出[M]. 宋士钊，王佑安，译. 北京：中国工业出版社，1966.

[2] 李慧，冯增朝，赵东，等. 煤与瓦斯突出强度模拟实验[J]. 煤矿安全，2016，47(2)：1-4.

[3] 于不凡. 煤和瓦斯突出机理[M]. 北京：煤炭工业出版社，1985.

[4] 程五一，张序明，吴福昌. 煤与瓦斯突出区域预测理论及技术[M]. 北京：煤炭工业出版社，2005.

[5] 邓明，张国枢，陈清华. 基于瓦斯涌出时间序列的煤与瓦斯突出预报[J]. 煤炭学报，2010，35(2)：260-263.

[6] 蒋承林，郭立稳. 延期突出的机理与模拟试验[J]. 煤炭学报，1999，24(4)：373-378.

[7] 杨志锋. 瓦斯爆炸事故处理原则和技术要点探讨[J]. 煤矿安全，2015，46(5)：227-230.

[8] 金洪伟. 煤与瓦斯突出发展过程的实验与机理分析[J]. 煤炭学报，2012，37(增刊1)：98-103.

[9] 韩军，张宏伟，宋卫华，等. 煤与瓦斯突出矿区地应力场研究[J]. 岩石力学与工程学报，2008，27(增刊2)：3852-3859.

[10] 赵毅鑫，姜耀东，祝捷，等. 煤岩组合体变形破坏前兆信息的试验研究[J]. 岩石力学与工程学报，2008，27(2)：339-346.

[11] ALEXEEV A D，REVVA V N，ALYSHEV N A，et al. True triaxial loading apparatus and its application to coal outburst prediction[J]. International journal of coal geology，2004，58(4)：245-250.

[12] BODZIONY J，KRAWCZYK J，TOPOLNICKI J. Determination of the porosity distribution in coal briquettes by measurements of the gas filtration parameters in an outburst pipe[J]. International journal of rock mechanics and mining sciences and geomechanics abstracts，1994，31(6)：661-669.

[13] BUTT S D. Development of an apparatus to study the gas permeability

and acoustic emission characteristics of an outburst-prone sandstone as a function of stress[J]. International journal of rock mechanics and mining sciences,1999,36(8):1079-1085.

[14] BEAMISHB B,CROSDALE P J. Instantaneous outbursts in underground coal mines:an overview and association with coal type[J]. International journal of coal geology,1998,35(1/4):27-55.

[15] CHOI S K,WOLD M B. A coupled geomechanical-reservoir model for the modelling of coal and gas outbursts[J]. Elsevier geo-engineering book series,2004(2):629-634.

[16] 郭德勇,韩德馨. 煤与瓦斯突出粘滑机理研究[J]. 煤炭学报,2003,28(6):598-602.

[17] 王恩义. 煤与瓦斯突出机理研究[J]. 焦作工学院学报(自然科学版),2004,23(6):419-422.

[18] 韩军,张宏伟,霍丙杰. 向斜构造煤与瓦斯突出机理探讨[J]. 煤炭学报,2008,33(8):908-913.

[19] HUANG W,CHEN Z Q,YUE J H,et al. Failure modes of coal containing gas and mechanism of gas outbursts[J]. Mining science and technology,2010,20(4):504-509.

[20] HU Y Y,HU X M,ZHANG Q T,et al. Analysis on simulation experiment of outburst in uncovering coal seam in cross-cut[J]. Procedia engineering,2012,45:287-293.

[21] SOBCZYK J. The influence of sorption processes on gas stresses leading to the coal and gas outburst in the laboratory conditions[J]. Fuel,2011,90(3):1018-1023.

[22] 姚尚文,刘泽功,杨立新. 高瓦斯掘进工作面抽放技术[J]. 煤炭科学技术,2005,33(5):1-4.

[23] 卫修君. 突出危险工作面应力降低区浅孔瓦斯抽放技术[J]. 煤炭科学技术,2006,34(1):56-57.

[24] SKOCZYLAS N. Laboratory study of the phenomenon of methane and coal outburst[J]. International journal of rock mechanics and mining sciences,2012,55:102-107.

[25] PATERSON L. A model for outbursts in coal[J]. International journal of rock mechanics and mining sciences & geomechanics abstracts,1986,23(4):327-332.

[26] SONG Y J,CHENG G Q. The mechanism and numerical experiment of spalling phenomena in one-dimensional coal and gas outburst[J]. Procedia environmental sciences,2012,12:885-890.

[27] SKOCZYŃSKI A A. Communication concerning sudden coal and gas outburst conducted with use of a model in the laboratory of sudden outbursts in the Mining Institute of the Russian Academy of Sciences[J]. Ugolnik, 1953(1):10-39.

[28] 谢雄刚,冯涛,王永,等. 煤与瓦斯突出过程中能量动态平衡[J]. 煤炭学报,2010,35(7):1120-1124.

[29] 朱兴珊,徐凤银. 论构造应力场及其演化对煤和瓦斯突出的主控作用[J]. 煤炭学报,1994,19(3):304-314.

[30] 罗新荣,夏宁宁,贾真真. 掘进煤巷应力仿真和延时煤与瓦斯突出机理研究[J]. 中国矿业大学学报,2006,35(5):571-575.

[31] 赵志刚,谭云亮,程国强. 煤巷掘进迎头煤与瓦斯突出的突变机制分析[J]. 岩土力学,2008,29(6):1644-1648.

[32] XIE J,GAO M Z,YU B,et al. Coal permeability model on the effect of gas extraction within effective influence zone[J]. Geomechanics and geophysics for geo-energy and geo-resources, 2015(1):15-27.

[33] JULIUSZ TOPOLNICKI. Energy balance in an outburst: International symposium cum workshop on management and control of high gas emissions and outbursts in underground coal mines[C]. Wollongong:[s. n.], 1995:257-266.

[34] WANG K,ZHOU A T, ZHANG J F,et al. Real-time numerical simulations and experimental research for the propagation characteristics of shock waves and gas flow during coal and gas outburst[J]. Safety science, 2012,50(4):835-841.

[35] 李铁,梅婷婷,李国旗,等."三软"煤层冲击地压诱导煤与瓦斯突出力学机制研究[J]. 岩石力学与工程学报,2011,30(6):1283-1288.

[36] 张浪. 煤与瓦斯突出预测的一个新指标[J]. 采矿与安全工程学报,2013,30(4):616-620.

[37] LAMA R D,BODZIONY J. Management of outburst in underground coal mines[J]. International journal of coal geology,1998,35(1/4):83-115.

[38] LITWINISZYN J. A model for the initiation of coal-gas outbursts[J]. International journal of rock mechanics and mining sciences & geomechan-

ics abstracts,1985,22(1):39-46.
[39] ISLAM M R,SHINJO R. Numerical simulation of stress distributions and displacements around an entry roadway with igneous intrusion and potential sources of seam gas emission of the Barapukuria coal mine,NW Bangladesh[J]. International journal of coal geology,2009,78(4):249-262.
[40] PERERAM S A,RANJITH P G,CHOI S K,et al. Numerical simulation of gas flow through porous sandstone and its experimental validation[J]. Fuel,2011,90(2):547-554.
[41] PERERAM S A, RANJITH P G, PETER M. Effects of saturation medium and pressure on strength parameters of Latrobe Valley brown coal: Carbon dioxide,water and nitrogen saturations[J]. Energy,2011,36(12):6941-6947.
[42] 陆卫东.煤与瓦斯突出微观机理的基础研究[D].阜新:辽宁工程技术大学,2009.
[43] 段东.煤与瓦斯突出影响因素及微震前兆分析[D].沈阳:东北大学,2009.
[44] 何学秋.含瓦斯煤岩流变动力学[M].徐州:中国矿业大学出版社,1995.
[45] 孟召平,刘珊珊,王保玉,等.不同煤体结构煤的吸附性能及其孔隙结构特征[J].煤炭学报,2015,40(8):1865-1870.
[46] 郭平.基于含瓦斯煤体渗流特性的研究及固—气耦合模型的构建[D].重庆:重庆大学,2010.
[47] 王生全,李树刚,王贵荣,等.韩城矿区煤与瓦斯突出主控因素及突出区预测[J].煤田地质与勘探,2006,34(3):36-39.
[48] 谭学术,鲜学福.煤的渗透性的研究[J].西安矿业学院学报,1994(1):22-25.
[49] 倪宏革.煤体结构与瓦斯突出关系浅析[J].山东煤炭科技,2008(3):96-97.
[50] 刘超.采动煤岩瓦斯动力灾害致灾机理及微震预警方法研究[D].大连:大连理工大学,2011.
[51] 李宏艳,齐庆新.煤岩细观结构信息提取与三维构建[J].煤矿开采,2009,14(1):15-19.
[52] 王满,王英伟.平顶山矿区煤体微观结构的扫描电镜分析[J].煤矿安全,2014,45(7):169-171.
[53] 曹树刚,李勇,刘延保,等.深孔控制预裂爆破对煤体微观结构的影响[J].岩石力学与工程学报,2009,28(4):673-678.

[54] 王汉斌.煤与瓦斯突出的分形预测理论及应用[D].太原:太原理工大学,2009.

[55] 梁冰,李凤仪.深部开采条件下煤和瓦斯突出机制的研究[J].中国科学技术大学学报,2004,34(增刊1):399-406.

[56] 赵阳升,胡耀青.三维应力下吸附作用对煤岩体气体渗流规律影响的实验研究[J].岩石力学与工程学报,1999,18(6):651-653.

[57] 王魁军,张兴华.中国煤矿瓦斯抽采技术发展现状与前景[J].中国煤层气,2006,3(1):13-16.

[58] 刘磊.浅孔中压水力割缝与交叉钻孔抽放瓦斯综合防突技术[J].煤炭工程,2007,39(5):52-54.

[59] VALLIAPPANS,ZHANG W H. Role of gas energy during coal outbursts[J]. International journal for numerical methods in engineering, 1999, 44(7): 875-895.

[60] YANGT H, XU T,LIU H Y,et al. Stress-damage-flow coupling model and its application to pressure relief coal bed methane in deep coal seam[J]. International journal of coal geology,2011,86(4):357-366.

[61] XUE S,WANG Y C,XIE J,et al. A coupled approach to simulate initiation of outbursts of coal and gas:model development[J]. International journal of coal geology,2011,86(2/3):222-230.

[62] VISHAL V,RANJITH P G,SINGH T N. An experimental investigation on behaviour of coal under fluid saturation,using acoustic emission[J]. Journal of natural gas science and engineering,2015,22:428-436.

[63] 蒋承林,俞启香.煤与瓦斯突出过程中能量耗散规律的研究[J].煤炭学报,1996,21(2):173-178.

[64] 蒋承林,郭立稳.延期突出的机理与模拟试验[J].煤炭学报,1999,24(4):373-378.

[65] 唐俊,蒋承林,陈松立.煤与瓦斯突出强度预测的研究[J].煤矿安全,2009,40(2):1-3.

[66] 许江,陶云奇,尹光志,等.煤与瓦斯突出模拟试验台的研制与应用[J].岩石力学与工程学报,2008,27(11):2354-2362.

[67] 许江,陶云奇,尹光志,等.煤与瓦斯突出模拟试验台的改进及应用[J].岩石力学与工程学报,2009,28(9):1804-1809.

[68] 王维忠,陶云奇,许江,等.不同瓦斯压力条件下的煤与瓦斯突出模拟实验[J].重庆大学学报(自然科学版),2010,33(3):82-86.

[69] 许江,刘东,彭守建,等.不同突出口径条件下煤与瓦斯突出模拟试验研究[J].煤炭学报,2013,38(1):9-14.
[70] 许江,刘东,尹光志,等.非均布荷载条件下煤与瓦斯突出模拟实验[J].煤炭学报,2012,37(5):836-842.
[71] 许江,刘东,彭守建,等.煤样粒径对煤与瓦斯突出影响的试验研究[J].岩石力学与工程学报,2010,29(6):1231-1237.
[72] 尹光志,赵洪宝,许江,等.煤与瓦斯突出模拟试验研究[J].岩石力学与工程学报,2009,28(8):1674-1680.
[73] 尹光志,李晓泉,蒋长宝,等.石门揭煤过程中煤与瓦斯延期突出模拟实验[J].北京科技大学学报,2010,32(7):827-832.
[74] 唐巨鹏,潘一山,杨森林.三维应力下煤与瓦斯突出模拟试验研究[J].岩石力学与工程学报,2013,32(5):960-965.
[75] PAN Y S,LI Z H. Analysis of rock structure stability in coal mines[J]. International journal for numerical and analytical methods in geomechanics,2005,29(10):1045-1063.
[76] 唐巨鹏,杨森林,王亚林,等.地应力和瓦斯压力作用下深部煤与瓦斯突出试验[J].岩土力学,2014,35(10):2769-2774.
[77] 胡千庭,周世宁,周心权.煤与瓦斯突出过程的力学作用机理[J].煤炭学报,2008,33(12):1368-1372.
[78] 胡千庭,邹银辉,文光才.瓦斯含量法预测突出危险新技术[J].煤炭学报,2007,32(3):276-280.
[79] HU Q T, ZHANG S T, WEN G C,et al. Coal-like material for coal and gas outburst simulation tests[J]. International journal of rock mechanics and mining sciences,2015,74:151-156.
[80] 孙东玲,胡千庭,苗法田.煤与瓦斯突出过程中煤-瓦斯两相流的运动状态[J].煤炭学报,2012,37(3):452-458.
[81] 蔡成功.煤与瓦斯突出三维模拟实验研究[J].煤炭学报,2004,29(1):66-69.
[82] 蔡成功,张建国.煤与瓦斯突出规律的分析探讨[J].煤矿安全,2003,34(12):3-6.
[83] 吴爱军,蒋承林,王法凯.煤与瓦斯突出过程中层裂煤体的结构演化及破坏规律[J].中国矿业,2014,23(9):107-111.
[84] 吴爱军,蒋承林.煤与瓦斯突出冲击波传播规律研究[J].中国矿业大学学报,2011,40(6):852-857.

[85] 李祥春,聂百胜,何学秋.振动诱发煤与瓦斯突出的机理[J].北京科技大学学报,2011,33(2):149-152.

[86] 高魁,刘泽功,刘健,等.构造软煤的物理力学特性及其对煤与瓦斯突出的影响[J].中国安全科学学报,2013,23(2):129-133.

[87] 高魁,刘泽功,刘健.基于相似模拟和地质力学模型试验的突出装置研制及应用[J].岩土力学,2015,36(3):711-718.

[88] 高魁,刘泽功,刘健.瓦斯在石门揭构造软煤诱发煤与瓦斯突出中的作用[J].中国安全科学学报,2015,25(3):102-107.

[89] 许江,周文杰,刘东,等.采动影响下突出煤体温度与声发射特性[J].煤炭学报,2013,38(2):239-244.

[90] 许江,耿加波,彭守建,等.不同含水率条件下煤与瓦斯突出的声发射特性[J].煤炭学报,2015,40(5):1047-1054.

[91] 曹树刚,刘延保,张立强,等.突出煤体单轴压缩和蠕变状态下的声发射对比试验[J].煤炭学报,2007,32(12):1264-1268.

[92] 曹树刚,刘延保,张立强.突出煤体变形破坏声发射特征的综合分析[J].岩石力学与工程学报,2007,26(增刊1):2794-2799.

[93] 赵洪宝,杨胜利,仲淑姮.突出煤样声发射特性及发射源试验研究[J].采矿与安全工程学报,2010,27(4):543-547.

[94] 赵洪宝,尹光志,李华华,等.含瓦斯突出煤声发射特性及其围压效应分析[J].重庆大学学报(自然科学版),2013,36(11):101-107.

[95] 艾婷,张茹,刘建锋,等.三轴压缩煤岩破裂过程中声发射时空演化规律[J].煤炭学报,2011,36(12):2048-2057.

[96] 刘健,刘泽功,高魁,等.构造带石门揭煤诱导突出的力学特性模拟及声发射响应[J].煤炭学报,2014,39(10):2022-2028.

[97] 雷文杰,李绍泉,商鹏,等.微震响应煤与瓦斯突出模拟试验[J].采矿与安全工程学报,2014,31(1):161-166.

[98] 尹永明,姜福兴,谢广祥,等.基于微震和应力动态监测的煤岩破坏与瓦斯涌出关系研究[J].采矿与安全工程学报,2015,32(2):325-330.

[99] 朱权洁,李青松,李绍泉,等.煤与瓦斯突出试验的微震动态响应与特征分析[J].岩石力学与工程学报,2015,34(增刊2):3813-3821.

[100] 唐春安,刘红元.石门揭煤突出过程的数值模拟研究[J].岩石力学与工程学报,2002,21(10):1467-1472.

[101] 唐春安,芮勇勤.含瓦斯“试样”突出现象的 $RFPA^{2D}$ 数值模拟[J].煤炭学报,2000,25(5):501-505.

[102] 徐涛.煤岩破裂过程固气耦合数值试验[D].沈阳:东北大学,2004.
[103] 徐涛,郝天轩,唐春安,等.含瓦斯煤岩突出过程数值模拟[J].中国安全科学学报,2005,15(1):108-110.
[104] XU T,TANG C,YANG T H,et al. Numerical investigation of coal and gas outbursts in underground collieries[J]. International journal of rock mechanics and mining science,2006,43(6):905-919.
[105] 段东,高坤,唐春安,等.孔隙压力在瓦斯突出过程中的作用机理研究[J].煤矿安全,2009,40(1):3-6.
[106] 段东,唐春安,高坤.瓦斯突出过程中煤体渗透性作用机理研究[J].中国矿业,2008,17(11):95-98.
[107] 段东,唐春安,李连崇,等.煤和瓦斯突出过程中地应力作用机理[J].东北大学学报(自然科学版),2009,30(9):1326-1329.
[108] 王锐,修毓,王刚,等.基于颗粒流理论的煤与瓦斯突出数值模拟研究[J].山东科技大学学报(自然科学版),2016,35(4):52-61.
[109] 高魁,刘泽功,刘健.地应力在石门揭构造软煤诱发煤与瓦斯突出中的作用[J].岩石力学与工程学报,2015,34(2):305-312.
[110] 蒋承林.煤与瓦斯突出阵面的推进过程及力学条件分析[J].中国矿业大学学报,1994,23(4):1-9.
[111] 胡新成,杨胜强,蒋承林,等.煤与瓦斯突出危险程度指标层次分析模型的建立及应用[J].煤炭工程,2011,43(4):90-92.
[112] 潘一山,杨小彬,王学滨.多孔介质局部化与煤和瓦斯突出射流理论[J].辽宁工程技术大学学报(自然科学版),2001,20(4):446-447.
[113] 梁冰,章梦涛,潘一山,等.煤和瓦斯突出的固流耦合失稳理论[J].煤炭学报,1995,20(5):492-496.
[114] 张我华.煤/瓦斯突出过程中煤介质局部化破坏的损伤机理[J].岩土工程学报,1999,21(6):731-736.
[115] 刘彦伟,浮绍礼,浮爱青.基于突出热动力学的瓦斯膨胀能计算方法研究[J].河南理工大学学报(自然科学版),2008,27(1):1-5.
[116] 丁继辉,麻玉鹏,赵国景,等.煤与瓦斯突出的固-流耦合失稳理论及数值分析[J].工程力学,1999,16(4):47-53.
[117] 祝捷,王宏伟.考虑瓦斯作用的煤层平动突出模型[J].煤炭学报,2010,35(12):2068-2072.
[118] 何学秋,等.中国煤矿灾害防治理论与技术[M].徐州:中国矿业大学出版社,2006.

[119] 马丕梁. 煤矿瓦斯灾害防治技术手册[M]. 北京:化学工业出版社,2007.
[120] 国家煤矿安全监察局. 防治煤与瓦斯突出细则[M]. 北京:煤炭工业出版社,2019.
[121] 于不凡. 煤矿瓦斯灾害防治及利用技术手册[M]. 修订版. 北京:煤炭工业出版社,2005.
[122] 张宏伟,等. 淮南矿区地质动力区划[M]. 北京:煤炭工业出版社,2004.
[123] 张玉功,王魁军,范启炜. 北票矿区煤与瓦斯突出预测预报的研究与应用[J]. 煤矿安全,1991,22(1):17-22.
[124] 田坤云,韩学峰,吴金刚. 芦池煤矿 3115 工作面采前突出危险性评价[J]. 煤炭工程,2008,40(3):51-53.
[125] 孙东玲,董钢峰,梁运培. 煤与瓦斯突出预测指标临界值的选取对预测准确率的影响[J]. 煤炭学报,2001,26(1):71-75.
[126] 张子戌,刘高峰,吕闰生,等. 基于模糊模式识别的煤与瓦斯突出区域预测[J]. 煤炭学报,2007,32(6):592-595.
[127] 由伟,刘亚秀,李永,等. 用人工神经网络预测煤与瓦斯突出[J]. 煤炭学报,2007,32(3):285-287.
[128] 吴强. 基于神经网络的煤与瓦斯突出预测模型[J]. 中国安全科学学报,2001,11(4):69-72.
[129] 郭德勇,李念友,裴大文,等. 煤与瓦斯突出预测灰色理论-神经网络方法[J]. 北京科技大学学报,2007,29(4):354-357.
[130] 郭德勇,韩德馨,王新义. 煤与瓦斯突出的构造物理环境及其应用[J]. 北京科技大学学报,2002,24(6):581-584.
[131] 蔡文,扬春燕,林伟初. 可拓工程方法[M]. 北京:科学出版社,1997.
[132] 蔡文. 物元模型及其应用[M]. 北京:科学技术文献出版社,1994.
[133] 刘金海,冯涛,谢东海. 煤层突出危险性预测的可拓方法[J]. 湖南科技大学学报(自然科学版),2008,23(3):28-31.
[134] 方开泰,潘恩沛. 聚类分析[M]. 北京:地质出版社,1982.
[135] 于不凡. 开采解放层的认识与实践[M]. 北京:煤炭工业出版社,1986.
[136] 刘林. 煤层群多重保护层开采防突技术的研究[J]. 矿业安全与环保,2001,28(5):1-4.
[137] 姚尚文,刘泽功,杨立新. 高瓦斯掘进工作面抽放技术[J]. 煤炭科学技术,2005,33(5):1-4.
[138] 何晓东,李守国. 应用深孔控制预裂爆破技术提高煤层瓦斯抽放率[J]. 煤矿安全,2005,36(12):18-21.

[139] 赵发军,刘明举,魏建平.优化防突措施和巷道布置防突减灾的探讨[J].煤矿安全,2007,38(9):57-58.
[140] 刘健,刘泽功,石必明.低透气性突出煤层巷道快速掘进的试验研究[J].煤炭学报,2007,32(8):827-831.
[141] 何学秋.煤矿瓦斯防治技术与工程实践[M].徐州:中国矿业大学出版社,2009.
[142] 张福旺.深部回采工作面防突防冲击地压综合技术[J].煤炭科学技术,2009,37(5):47-49.
[143] 谢雄刚.石门揭煤过程煤与瓦斯突出的注液冻结防治理论及技术研究[D].长沙:中南大学,2010.
[144] 林柏泉,等.矿井瓦斯防治理论与技术[M].2版.徐州:中国矿业大学出版社,2010.
[145] 方伟.优化超前钻孔布置实现突出煤层快速掘进的探讨[J].煤矿安全,2007,38(7):62-64.
[146] 付建华,程远平.中国煤矿煤与瓦斯突出现状及防治对策[J].采矿与安全工程学报,2007,24(3):253-259.
[147] 李伟雄,周宗卫,张兴权.煤层注水技术在芙蓉煤矿的研究与应用[J].煤炭科学技术,2008,36(2):50-54.
[148] 孟筠青.煤层高压脉动注水防治煤与瓦斯突出理论与技术研究[D].北京:中国矿业大学(北京),2011.
[149] MORITA N,BLACK A D,FUH G F. Borehole breakdown pressure with drilling fluids: Ⅰ. empirical results[J]. International journal of rock mechanics and mining sciences & geomechanics abstracts,1996,33(1):39-51.
[150] 瞿涛宝.试论水力冲刷技术处理煤层瓦斯的有效性[J].湖南煤炭科技,1997(1):38-46.
[151] 李志强.水力挤出措施防突机理及合理技术参数研究[D].焦作:河南理工大学,2004.
[152] 刘军.水力挤出消突措施合理注水压力研究[D].焦作:河南理工大学,2005.
[153] RUMMEL F. Fracture mechanic approach to hydraulic fracturing stress measurements [M]//ATKINSON B K. Fracture mechanics of rock. [S. l.]: Academic Press,1987:217-240.
[154] TAKAHASHI H, ABÉ H. Fracture mechanics applied to hot, dry rock geo-

thermal energy [M]//ATKINSON B K. Fracture mechanics of rock. [S. l.]: Academic Press,1987:241-276.

[155] BOONE T J,INGRAFFEA A R. A numerical procedure for simulation of hydraulically-driven fracture propagation in poroelastic media [J]. International journal for numerical and analytical methods in geomechanics,1990,14(1):27-47.

[156] 赵阳升. 矿山岩石流体力学[M]. 北京:煤炭工业出版社,1994.

[157] 周世宁,林柏泉. 煤层瓦斯赋存与流动理论[M]. 北京:煤炭工业出版社,1999.

[158] MÜLLER G,WOLTERS G,COOKER M J. Characteristics of pressure pulses propagating through water-filled cracks [J]. Coastal engineering, 2003,49(1/2):83-98.

[159] MOOSAVI M, YAZDANPANAH M J, DOOSTMOHAMMADI R. Modelling the cyclic swelling pressure of mudrock using artificial neural networks[J]. Engineering geology,2006,87(3/4):178-194.

[160] DAVY C A,SKOCZYLAS F,BARNICHON J D,et al. Permeability of macro-cracked argillite under confinement: gas and water testing[J]. Physics and chemistry of the earth,2007,32(8/14):667-680.

[161] 瞿涛宝. 试论水力割缝技术处理煤层瓦斯的效果[J]. 西部探矿工程, 1996,8(3):51-53.

[162] 邹忠有,白铁刚,姜文忠,等. 水力冲割煤层卸压抽放瓦斯技术的研究[J]. 煤矿安全,2000,31(1):34-36.

[163] 冯增朝,康健,段康廉. 煤体水力割缝中瓦斯突出现象实验与机理研究[J]. 辽宁工程技术大学学报,2001,20(4):443-445.

[164] 赵岚,冯增朝,杨栋,等. 水力割缝提高低渗透煤层渗透性实验研究[J]. 太原理工大学学报,2001,32(2):109-111.

[165] 段康廉,冯增朝,赵阳升,等. 低渗透煤层钻孔与水力割缝瓦斯排放的实验研究[J]. 煤炭学报,2002,27(1):50-53.

[166] 冯增朝. 低渗透煤层瓦斯抽放理论与应用研究[D]. 太原:太原理工大学,2005.

[167] 冯增朝,赵阳升,杨栋,等. 割缝与钻孔排放煤层气的大煤样试验研究[J]. 天然气工业,2005,25(3):127-129.

[168] KAREV V I,KOVALENKO Y F. Theoretical model of gas filtration in gassy coal seams [J]. Soviet mining science,1988,24(6):528-536.

[169] 黄华.采区石门固化揭煤施工技术[J].煤炭技术,2005,24(9):88-89.
[170] 史学奇,黄自发,徐全伏.注浆工艺在石门揭露突出煤层中的应用[J].煤炭技术,2006,25(9):94-96.
[171] 杨志刚,宋彦波.采用注浆加固技术防止石门揭煤时煤与瓦斯突出[J].煤矿安全,2007,38(1):9-11.
[172] 徐西亮.煤体固化石门揭煤防突技术研究[D].淮南:安徽理工大学,2007.
[173] 刘杰.煤与瓦斯压出动力演化过程及机理实验研究[D].徐州:中国矿业大学,2014.
[174] WU S Y,GUO Y Y,LI Y X,et al. Research on the mechanism of coal and gas outburst and the screening of prediction indices[J]. Procedia earth and planetary science,2009(1):173-179.
[175] 纪洪广.混凝土材料声发射性能研究与应用[M].北京:煤炭工业出版社,2004.
[176] 谢和平,陈忠辉.岩石力学[M].北京:科学出版社,2004.
[177] 刘利斌.声发射系统基础参数相关性及对空间定位影响研究[D].太原:太原理工大学,2014.
[178] 王雪龙.基于声发射的煤与瓦斯突出实验研究[D].太原:太原理工大学,2015.
[179] KONG X G, WANG E Y, HU S B,et al. Fractal characteristics and acoustic emission of coal containing methane in triaxial compression failure[J]. Journal of applied geophysics,2016,124:139-147.
[180] 汪有刚,刘建军,杨景贺,等.煤层瓦斯流固耦合渗流的数值模拟[J].煤炭学报,2001,26(3):285-289.
[181] 颜爱华,徐涛.煤与瓦斯突出的物理模拟和数值模拟研究[J].中国安全科学学报,2008,18(9):37-42.
[182] 李中锋.煤与瓦斯突出机理及其发生条件评述[J].煤炭科学技术,1997,25(11):44-47.
[183] 冯宝兴,黄春明,张连军.高压水力割缝技术在底板穿层预抽煤层瓦斯中的应用[J].煤炭工程,2010,42(6):35-37.
[184] 张连军,林柏泉,高亚明.基于高压水力割缝工艺的煤巷快速消突技术[J].煤矿安全,2013,44(3):64-66.
[185] 周廷扬.高压水力割缝提高瓦斯抽采率的技术研究[J].矿业安全与环保,2010,37(增刊1):7-9.
[186] 闫发志,林柏泉,沈春明,等.基于煤层卸压增透的水力割缝最优出煤量研

究[J].中国煤炭,2013,39(4):95-97.

[187] 袁波,康勇,李晓红,等.煤层水力割缝系统性能瞬变特性研究[J].煤炭学报,2013,38(12):2153-2157.

[188] 刘磊.浅孔中压水力割缝与交叉钻孔抽放瓦斯综合防突技术[J].煤炭工程,2007,39(5):52-54.

[189] 刘磊,温忠强,高亚坤,等.浅孔中压水力割缝防突技术[J].煤矿安全,2008,39(1):34-36.

[190] 李艳增,王耀锋,高中宁,等.水力割缝(压裂)综合增透技术在丁集煤矿的应用[J].煤矿安全,2011,42(9):108-110.

[191] 陈淼,李宝玉,李超,等.水力割缝防突技术在掘进工作面的应用[J].中国煤炭,2010,36(5):96-98,112.

[192] 李宗福,孙大发,陈久福,等.水力压裂-水力割缝联合增透技术应用[J].煤炭科学技术,2015,43(10):72-76.